量子数理シリーズ 5
荒木不二洋／大矢雅則…監修

飛田武幸 著

ホワイトノイズ

丸善出版

はじめに

ホワイトノイズは日毎にその活躍の場を広げている．本書では確率論におけるその役割を説明したいが，当の確率論自体が大きな転換期を迎えている．その流れの将来を予測し，かつそれに呼応しながら，そこでのホワイトノイズの活躍を期待したい．そして，ホワイトノイズ解析がその特技を活かしていささかなりともこの転換期の先行的な役割が果たせたら，この上なき幸いである．

フェラー (W. Feller) は 1950 年の著書 [14, vol. I] の序文において「この本では確率論の解析的方法を述べるが，確率論は純粋数学のトピックとして扱われるべきである」と喝破している．しかし，1967 年の第 3 版では，人々の確率論に対する興味は増えたが popularity は変わらないという．実際には，フェラーのアイディアに共鳴する読者は急増しているに違いない．その後の確率論はフェラーの期待に背かず著しい発展を遂げたし，20 世紀数学の花形として広く科学の諸分野との連携も盛んになったことは周知の通りである．

この現状において，我々は依然としてその方向づけで満足しているだけではなかろう．いま希望に満ちた新しい方針を打ち出す時が来ていると考える．現在までの確率論の発展の流れをいくらか長い時間のスケールで見るとき，若干の焦燥を感じずにはいられない．確率論研究の本来の精神が疎かにされてはいないか？ と，また数学の著しい進歩の中で確率論も新たな課題を得て，次の改革期を迎えているように感じるのである．

具体的に考えられる方針は，歴史を見直し，評価すべきことは尊重し，将来への有意義な解析接続を加速することではないだろうか．

はじめに

　我々は1713年のベルヌーイ (J. Bernoulli) の *Ars Conjectandi* を確率論の濫觴とみよう．彼は言う．

> To conjecture about something is to measure its probability, and therefore, the art of conjecturing or the *stochastic* art is defined by us as the art of measuring as exactly as possible the probabilities of things with this end in mind: that in our decisions or actions we may be able always to choose or to follow what has been perceived as being superior, more advantageous, safer or better considered; in this alone lies all the wisdom of the philosopher and all the discretion of the statesman.

これは *Ars Conjectandi* 第4部第2章のB. Sung（ハーバード大学）による英訳の抜粋であるが，説明の必要はなかろう．それから300年，今日まで如何に確率論は進められたのか？

　ほぼ同じ頃にベイズ (T. Bayes) によって今日でいうベイズ統計のアイディアが提唱された．フィッシャー (R.A. Fisher) による解説 [18] などもあり，今日またその思想が大いに脚光を浴びている．我々もその考え方を大いに参考にしており，温故知新のための有意義な資料の一つである（マンフォード (D. Mumford) 等の論説の他に [90] も参照）．

　1902年のポアンカレ (H. Poincaré) の著書 [74] を見よう．「… そこで確率という概念が物理学において演ずる役割は重大なものになる．だから確率論は，ただ娯楽やバッカラ（トランプの遊戯）を行う者の指針となるばかりではないので，我々は確率論の原理を深く探ろうと努めなければならない．…」控え気味のようにも感じられるが，本書の第5章でポアンカレの意向はより明確になるであろう．

　1905年のアインシュタイン (A. Einstein) によるブラウン運動（すなわちノイズ）の提唱をみよう．揺らぐもの，不確定なものを厳密な理論を用いる数学の対象としたのである．つい9年前の2005年はアインシュタインのこの論文の刊行100年目にあたり，情報理論の記念行事としてこの論文紹介を企画したのはアメリカのIEEE学会であった．わが意を得たりというところであろうか．

　1923年ウイナー (N. Wiener) の *Differential space* [100] では，ブラウン運

動をガウス型で独立増分を持つシステムとして重要視したことに着目したい．

1925年レヴィ(P. Lévy)の著書 *Calcul des Probabilités* [52] では，ガウス(C.F. Gauss)の誤差論，大数の法則，特性関数など基礎概念の他に，付録ではあるが無限次元空間の一様な（理想的）測度を目指す議論がなされ，その議論が今でいうホワイトノイズへと次第に具体化していくのである．

1933年にはコルモゴロフ(A.N. Kolmogoroff)による確率論の基礎づけがあり，確率論の基盤を体系づけるのに指針が与えられた．伊藤清の「確率論の基礎」がこれに続いた．

ごく簡単な歴史をたどった理由は，「確率論は確率を与えられてから計算するのみではない．conjecture する姿勢．『独立』が基本概念で，分布はガウス分布」等々と我々がよりどころとする内容が提示されているからである．今ここにおいて，300年前のベルヌーイによる stochastice（*Ars Conjectandi* に登場する言葉）の精神に郷愁の念を禁じ得ない．それこそまさに stochasticity の精神を顧みることに他ならない．この単語は辞書には見当たらないが，誰もその趣旨を理解するのに困難は感じないであろう．

Stochasticity

これに適切な訳語が望まれる．

この議論に沿って私的な観点からの動きを取り上げることをお許し頂きたい．主眼に置くのは reduction とベイズ推定(Bayesian method) およびレヴィ過程(Lévy process) である．

reductionism について，1965年 Berkeley Symposium におけるフェラーとの邂逅の際に同意を頂いた幸運，および1968年レヴィをパリのお宅に訪問した折の2日間にわたるお話で頂いた賛意と温かい激励は，私の以後の研鑽に大きな支えとなったのである．

数年前，ベトナムでの国際学会でマンフォードは image の数理とベイズ推定を語り，私は reduction の考え，idealized elemental random variables の提案を述べたが，マンフォードについての私の勉強不足から議論の焦点に一致点を見ないまま別れたことが悔まれる．紹介されてマンフォードの最近の著書 [71] をひもとき，内容が確率論，特にガウス測度やホワイトノイズであることに改めて驚いたが，同時にこれはグレナンダー(U. Grenander) のパターン理論(pattern theory) に基礎を置いていることを知り，これが自然な流れ

であることを幾分なりとも理解できたのである．この本の始めに underlying process の語を見出し，それは筆者が以前から提唱していたこと，すなわち，得られたデータの分布を適切な時系列へ「埋め込む」方法と同じ発想ではないかと勝手に推測した．

3–4 年前に情報社会学会の研究会で，いわゆるベキ分布の議論が進む中，その分布の理想的な例は安定分布であり，それを「安定過程に埋め込む」と称してレヴィ過程の分解を適用し，成分であるポアソン型の確率過程の特性（intensity に現れる）を現実の問題に対応させて，ベキ分布を生ずる現象の解明と制御に役立たせることを提案した．実はこの話は交通事故の統計でずっと昔（40 年前）に試みたことの再現であって，いくらかは成功したと思う．

また，この方面の記事が散見されるアメリカ数学会の Notices をはじめとする学術情報誌を眺めるにつけて，確率論と統計学との連携に大きな一つの動向を感じるのである．我が国の確率論については著書・論文など多数あり，それらは周知のことで筆者の説明は不要であろうが，ただ一つ，筆者の恩師伊藤清先生の卓越した業績を特記しよう．

近代確率論の原点にもどって現在につなげるとすれば，やはり前述のようにベルヌーイの *Ars Conjectandi* から始めたい．そのアイディアの具現化は随所で指針として思い出して実行していきたい．

もう一つ大事なことがある．それもここで述べておきたい．しばしば耳にする「流行に遅れるな」という助言は理解できるが，それを重視するわけではない．また，「先を見通して云々」というのも有難い忠言ではあるけれども，いささか首をかしげる．将来得られるべき研究成果がわかっているのなら，もう今の用はない．本書で紹介しようとする内容は，今後の研究の見通しを得るために，すぐれた成果のアナロジーを模索するための資料になることを願うものである．

まだ使いなれてはいないが，「stochasticity の理論」という言葉で表される指向をここに略記した歴史につながるものとして我々の研究方針としたい．その具現化こそ，まさにこれから詳しく論じようとするホワイトノイズ解析である．

目 次

第 I 部　ホワイトノイズ　　1

第 1 章　序章　　3
1.1　方針 3
1.2　揺らぎの典型としてのガウス系 4
1.3　ブラウン運動からホワイトノイズへ 8

第 2 章　ノイズ　　15
2.1　ノイズ，偶然量の濫觴を訪ねて 15
2.2　無限の概念 17
2.3　ホワイトノイズ解析の起こり 19
2.4　Reduction, Synthesis and Analysis 27

第 3 章　ホワイトノイズ理論の基礎　　31
3.1　目的と経過 31
3.2　Idealized elemental random variables 33
3.3　ガウス系再考 45

第 II 部 ホワイトノイズ解析詳論　　49

第 4 章 ホワイトノイズの導入　　51
4.1 基礎事項 51
4.2 $\dot{B}(t)$ に正当な地位を 57
4.3 2 次斉次超汎関数 62
4.4 一般の超汎関数空間 72

第 5 章 ホワイトノイズ解析　　79
5.1 S-変換，T-変換，U-汎関数，フーリエ–ウイナー変換 79
5.2 超汎関数に対する演算 94
5.3 ホワイトノイズ解析の設定 98
5.4 無限次元解析 105
5.5 無限次元解析としてのホワイトノイズ解析 108

第 6 章 無限次元調和解析　　113
6.1 無限次元回転群 113
6.2 部分群のクラス分け 114
6.3 クラス II 部分群の持つ特性について 121
6.4 ウイスカー 126
6.5 共役回転群 $O^*(E^*)$ 132
6.6 リー代数 137
6.7 半ウイスカー 138
6.8 デジタルからアナログへ，微分作用素を典型として 143

第 III 部 科学の中のホワイトノイズ　　155

第 7 章 連携分野　　157
7.1 量子場 157
7.2 経路積分 159
7.3 網膜の同定 167

補遺 173

付録 A 177
   A.1 抽象ルベーグ空間 177
   A.2 ボホナー–ミンロスの定理 179
   A.3 再生核ヒルベルト空間 189
   A.4 核型空間の例 192
   A.5 諸公式 195

参考文献 199

索 引 207

図 目 次

1.1 若き日のガウス 6
1.2 ブラウン運動の内挿法による近似の素子 11
1.3 $X^{(t_0,y)}_{(0,0)}(t)$ の見本関数 11
3.1 内挿法イラスト 38
4.1 1968 年レヴィ訪問の折の写真，レヴィから署名つきで頂いた写真 59
4.2 対称な $L^2(R^2)$ 関数 $F(u,v)$ 69
5.1 パラメータ t, λ の関係 102
6.1 無限次元回転群 131
6.2 飛び出し「半ひげ」をつけた無限次元回転群 141
7.1 ホワイトノイズと数理物理学のメッカ ZiF の入り口，シュトライト教授と筆者 161
7.2 ゆらぐ規跡 164
7.3 中研一による「ナマズ」の網膜の反応，2 次核関数の図 . . . 168

第I部

ホワイトノイズ

ホワイトノイズ解析：それは，確率解析の理論の新しい展開を指向するものである．

第1章 序章

1.1 方針

　ホワイトノイズ解析の理論のオリジナルな考えがどのようにして起こり，さらに発展してきたかを概観し，いくらかこの理論の夢多き将来の展開を語ることから始めよう．

　この理論には40年以上，半世紀近くの歴史がある．この間に多くの人々の貢献があり，助言も頂いて今日に至っている．

　理論の歴史的な流れを言う前に，確率解析に対する筆者の一般的な考えを述べておきたい．

　まず，議論したい数学的な内容は何かということである．

　いわゆる偶然現象の数学的取扱いにとどまらず，およそ確率論として扱える可能性を内在するものはすべて積極的に求めて，数学として取り扱うのが我々の本来の目的である．確率論として扱えるとは，目的に応じて議論の土俵である「確率空間が構成できる」ことを意味する．

　本書では，そのような対象の扱いで，次の3点に焦点を置いて議論を進めていきたい．

　標語的に言えば，筆者は

(i) **独立**にこだわり，

(ii) **連続パラメータ**の系に重点を置き，

そして，確率分布なら，まず第一に挙げるのは

(iii) ガウス分布である．

1.2 揺らぎの典型としてのガウス系

　ブラウン運動とは一体何であろうか？　またホワイトノイズとは？　読者の多くの方々にとっては，聞きなれた名前であり，また大いに理解もされていることと思うが，これこそ最も基本的な概念であり，そのことの認識を深めて頂きたい．そして，それらを基本として議論を進めていくことについて，読者の御賛同を得たいのである．

　まず**ガウス系**と呼ばれる確率変数の系について説明する．本書で扱う確率変数はすべて，「抽象ルベーグ空間」の性質を備えた，ある確率空間で定義されているものとする．この空間を $(\Omega, \mathbf{B}, P)$ と書く．Ω は空でない集合，その元を ω で表す．それは偶然を決めるパラメータ，あるいは各偶然につけたラベルと思ってもよい．$\mathbf{B}$ は Ω の部分集合の系で可算個の基を持つ完全加法的集合族であり，その元は事象である．P は確率，すなわち $\mathbf{B}$ 上で定義された測度で $P(\Omega) = 1$ である．

　これが抽象ルベーグ空間であるというのは，せいぜい可算個のアトムを許すが，それ以外の部分はルベーグ測度と同型となる場合である．詳しくは付録 A.1 参照．

　本書で扱う確率変数はすべて，このような抽象ルベーグ空間で定義された実数値をとる $\mathbf{B}$-可測関数 $X(\omega), \omega \in \Omega$，である．

　ここで，確率論の基礎的事項に簡単に触れておく．確率変数には，確率分布（単に分布ということが多い）が対応する．ボレル集合 G に対して

$$\Phi(G) = P(X^{-1}(G))$$

により $\Phi(G)$ を定義することにより測度空間 $(R^1, \mathbf{B}, \Phi)$ が構成できる．これが X の分布である．ここで，$\mathbf{B}$ は特に R^1 のボレル集合全体からなる完全加法族を表す．

　X の分布関数 $F(x)$ は $\Phi((-\infty, x])$ であり，Φ がルベーグ測度に関して絶対連続ならば，その密度関数 $f(x)$ が分布関数の密度関数でもある．

　分布関数 $F(x)$ に対して，その特性関数 $\varphi(z), z \in R^1$，はスティルチェス

(Stieltjes) 積分
$$\varphi(z) = \int e^{izx}\, dF(x)$$
によって定義される.

これはまた e^{izX} の平均値と考えてもよい：
$$\varphi(z) = E(e^{izX}).$$
ここで E は平均値をとる記号である.

以上の諸概念，またその意義や役割などは確率論の入門書を参照のこと．ここでは記号の導入のつもりで，簡単に述べた．

複素数値をとる場合も考えるが，そのときはその旨を明記する．

さて，$X(\omega)$ が**ガウス変数**というのは，その分布関数の密度関数 $g(x)$ が
$$g(x) = \frac{1}{\sqrt{2\pi}\sigma} e^{-\frac{1}{2\sigma^2}(x-m)^2}$$
で与えられる場合である．これを記号 $N(m, \sigma^2)$ で表す．ここで，m は X の平均値で，$\sigma^2\ (\geq 0)$ は分散である．便宜上 $\sigma^2 = 0$ も許すが，それは $P(X = m) = 1$ と退化したガウス変数の場合と考える．

$N(0, 1)$ が**標準ガウス分布**である．

一般のガウス変数の特性関数は
$$\varphi(z) = e^{imz - \frac{\sigma^2 z^2}{2}}$$
で与えられる．

ガウス変数はその重要性から，各種の特徴づけが知られている．その 2–3 の例を挙げれば，

1. すべての次数のモーメントが存在し，その値は m, σ のみによって定まる．

2. シュタイン (C. Stein) の特徴づけ．平均値が 0 の確率変数 Z が，任意の区分的に絶対連続な関数 f で $|f'(Z)|$ の平均値が有限であるような関数について，いつも定数 σ が存在して
$$E(Zf(Z)) = \sigma^2 E(f'(Z))$$
を満たすならば，X はガウス変数である．これは統計への応用を意識した特

6 第 1 章 序章

図 **1.1** 若き日のガウス.

徴づけでもある.例えば,得られた標本を Z の実現値とみて,ガウス分布に従うかどうかを見るのに用いられる.

3. 中心極限定理(典型的な場合). $X_n, n \in N,$ が独立同分布に従い(independent identically distributed で i.i.d. と略記する)3 次のモーメントをもつとき,平均値,分散をそれぞれ m, σ^2 とすれば,$S_n = \sum_1^n X_k$ とおくとき $\frac{S_n - nm}{\sqrt{n}\sigma}$ の分布は標準ガウス分布に近づく.

次はいくつかの確率変数の系を扱う.

定義 1.1 確率変数系 $\mathbf{X} = \{X_a, a \in A\}$ は,その任意の有限個の 1 次結合がガウス変数であるとき,**ガウス系**という.

系 $\mathbf{X}$ がガウス系であることと,その任意の有限個が多次元ガウス分布に従うこととは同値である.有限個は退化している場合もあるので,その個数とガウス分布の次元とは一致するとは限らない.

n 次元ガウス分布の密度関数 $p(x)$ は次式で与えられる.

$$p(x) = \frac{1}{\sqrt{(2\pi)^n |V|}} \exp\left[-\frac{1}{2}(x-m)V^{-1}(x-m)'\right], \quad x \in R^n.$$

1.2. 揺らぎの典型としてのガウス系

ここで m は平均ベクトル，V は共分散行列で，$|V|$ はその行列式を表す．

ガウス系が，偶然量を表す確率変数系，すなわち「揺らぎ」を表すものの典型であると言えるが，その事情を考えてみよう．

偶然量が現れる多くの場面でガウス変数やガウス系が基本的な役割を果たしているが，まだその事情がわかっていないことが沢山ある．理解不十分なところでもあろう．容易にわかるものだけでも下記のようになる．

1. ガウス変数 $X(\omega)$ は有限な分散を持つ．したがって，それは，$\|X\| = \sqrt{E(|X|^2)}$ をノルムとして，ヒルベルト空間 $L^2(\Omega, P)$ の要素となる．ガウス系において，収束の問題など扱うときは，ヒルベルト空間の話として扱えば，わかりやすい．また，平均値を 0 に揃えておけば，ヒルベルト空間における直交は無相関に，ガウス系ゆえ「独立」になる．

2. 偶然量を表す確率変数として，分散一定の条件のもとで，ガウス変数は最大の情報量（エントロピーで測る）を持つ．

3. 可算無限個の独立同分布のガウス変数系は，無限次元空間における確率測度を導くが，有限次元のルベーグ測度が持つような好ましい性質もいくつか遺伝的に持ち込んでいる．しかし，0-1 法則に代表されるような，遺伝しない諸性質も，また重要である．

4. ガウス系は，標準的な条件をおくとき，多くの基本的な特性を内蔵している：例えば，確率変数の変換に対する不変性，対称性，双対性，など．その利用に対しては最適性をみることができる．

5. ブラウン運動として，生物，無機物に driving force を与える．生命は持たないが，自らの動きがある．

6. ガウス系の標準的なものを取り上げる．独立変数系をなし，理想的なものをノイズと見よう．その発生源についての理論的考察は，応用の場面での原因の推測要件としても興味深い課題を提供する．独立性にこだわった発生源の探求は 2.1 節で扱う．

これらの特性は，次節で定義する**ブラウン運動**により，あるいはホワイトノイズの形でよりよく説明されるが，そのためには多くの準備が必要となる．

それは逐次解説していく．

急いで先走った記述になるが，手早く効用を言いたい．ブラウン運動を $B(t)$ と書けば，**ホワイトノイズ**はその時間微分 $\dot{B}(t)$ である：

$$\dot{B}(t) = \frac{d}{dt} B(t).$$

ブラウン運動が独立増分を持つので，この $\{\dot{B}(t)\}$ は各時点独立となる．したがって，その扱いには好都合であるが，もともとブラウン運動の見本関数は微分できないので，超関数としての微分を考えることになる．すなわち $\dot{B}(t)$ は**超過程**となる．したがって，その扱いにはいくらかの準備が必要となる．とにかく，**独立性**を重視し，これにこだわる立場から，何としても，$\dot{B}(t)$ を取り上げることが重要となる．

1.3　ブラウン運動からホワイトノイズへ

本書の主題はホワイトノイズであるが，その基になったブラウン運動について，定義と簡単な内容を述べておく．当面は，ホワイトノイズはお目見得にとどめる．

定義 1.2　時間 $t \in R^+ = [0, \infty)$ をパラメータとするガウス系 $\{B(t) = B(t, \omega),\ t \in R^+\}$ をとる．もし，それが

(i) 任意の $t, s \in R^+$ について $B(t) - B(s)$ はガウス分布 $N(0, |t-s|)$ に従う．

(ii) $B(0) = 0$．

を満たすならば $\{B(t)\}$ を**ブラウン運動**という．

以下のことは定義から直ちに導かれる．

1. $B(t)$ は独立増分を持つ．すなわち $B(t)$ は加法過程である．

　　この事実は $E(|B(t)|^2) = t$ および $E(B(t)B(s)) = t \wedge s\ (= \min(t,s))$ がわかり，任意の t と $h > 0$ に対して，$B(t+h) - B(t)$ は $\{B(u),\ u < t\}$ と独立になることが示される．したがって，$B(t)$ は加法過程であることが言えた．

1.3. ブラウン運動からホワイトノイズへ

しかも，この加法性は時間的に一様である．上の場合でいえば $B(t+h) - B(t)$ の分布は h のみに関係し，t には依存しない．

2. ω を固定したとき，ブラウン運動 $B(t, \omega)$ は単なる t の関数である．これを**見本関数**という．ブラウン運動の見本関数は，ほとんどすべて連続である．より詳しい連続性，例えばヘルダー連続性についても知られている．これを示すには詳しい計算を用いた証明が必要である．ごく大まかな評価では，t をとめたときの局所連続性として $|h|$ が小さいとき $|B(t+h) - B(t)|$ はほぼ $\sqrt{2|h|\log\log(1/|h|)}$ のオーダーである．したがって，t について微分はできない．

3. ウイナー測度．

 $\{B(t),\ t \geq 0\}$ の確率分布の考え方であるが，確率変数のように，ω を固定して考えると，ブラウン運動は $B(\cdot, \omega)$ のようにみて，マーク ω のついた関数とみることができる．それがほとんどすべての ω について連続であるため，結局ブラウン運動の分布は，ある連続関数の集合の上の確率測度（分布）とみることができる．これは連続関数の空間に導かれた無限次元ガウス測度である．これを μ^W と書く．

 無限次元空間における測度であるため，十分詳しい議論が必要である．類似の話として，ホワイトノイズの測度があるが，これについては付録 A.2 ボホナー–ミンロスの定理も準備して詳しく扱う．事情はそちらを参考にして推察されたい．

4. ほとんどすべての見本関数が**連続**であるが，局所連続性からわかるように，至る所微分不可能である（事実としてはすでに注意した）．

 したがってブラウン運動の見本関数の導関数は超関数としてしか存在しない．すなわち，$\dot{B}(t, \omega) = \frac{d}{dt}B(t, \omega)$ の見本関数は超関数である（見本関数であることを明示するため，ω を記した）．以下 ω は省略する．$\dot{B}(t)$ が**ホワイトノイズ**である．

 これについての数学的に厳密な話は次節以後になる．

5. マルコフ (Markov) 過程として (A. Einstein, 1905).

 ブラウン運動はマルコフ過程である．厳密な定義はあとにして，直観的な

意味を言えば，任意の時刻 s について，それ以前の値が知られたとき，後の時刻 $s+t, t>0$ における $B(s+t)$ の確率分布（条件付き確率分布）は $B(s)$ の値のみによって定まる．知られた $B(s)$ の値を x とするとき，$B(s+t)$ の確率分布（これを**推移確率分布**という）は絶対連続で，その推移確率密度関数 $p(t,x,y)$ は

$$p(t,x,y) = \frac{1}{\sqrt{2\pi t}} \exp\left[-\frac{(x-y)^2}{2t}\right], \quad y \in R^1 \tag{1.1}$$

で与えられる．すなわち推移確率分布は $N(x,h)$ である．

この密度関数は拡散方程式

$$\frac{\partial p}{dt} = \frac{1}{2}\frac{\partial^2 p}{\partial x^2}$$

の解である．(1.1) は，特に初期条件として，$t=0$ において，1 点 y にあるとしたときの解である．

6. 従属性として，加法過程，マルコフ過程などを述べたが，もう一つブラウン運動の著しい性質を述べておく．

$0<a<b<\infty$ とし時間区間 $[a,b]$ 内でのブラウン運動の行動を考える．この区間内の任意の t をとる $(a<t<b)$．$B(a)$ と $B(b)$ が知られたときの $B(t)$ の条件付き平均値は，既知の値を内挿したものとなる：

$$E(B(t)/B(a), B(b)) = \frac{b-t}{b-a}B(a) + \frac{t-a}{b-a}B(b).$$

さらに，

$$B(t) - E(B(t)/B(a), B(b))$$

は，この時間区間外の時刻におけるすべての $B(u), u<a$，および $B(v), v>b$，と独立になる．

この著しい特性は，関係する諸変数間の共分散の計算から明らかになるが，この特性はブラウン運動の近似，ひいては，その構成に有効に用いられる．その構成法については本節の終わりに詳しく説明する．

7. 上の続きであるが，時間区間 $[0, t_0]$ をとり，この両端でブラウン運動が一定値をとったとする．例えば $B(0)=x, B(t_0)=y$ とする．このとき区間内

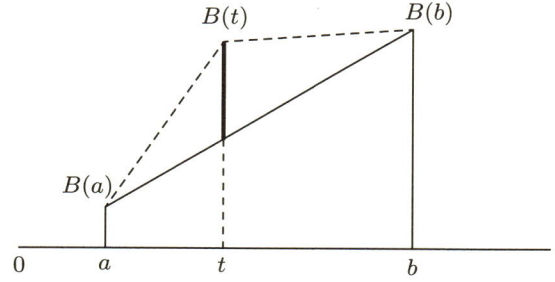

図 1.2　ブラウン運動の内挿法による近似の素子.

の条件付きブラウン運動を考えよう．これは固定端ブラウン運動と呼ばれるガウス過程の，一つの具体例となる．$0 \leq t \leq t_0$ のとき

$$X_{(0,x)}^{(t_0,y)}(t) = B(t) + x - \frac{t}{t_0}(B(t_0) - y + x)$$

である．

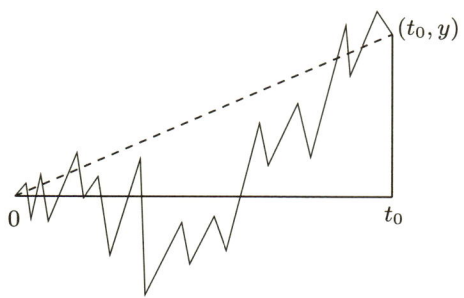

図 1.3　$X_{(0,0)}^{(t_0,y)}(t)$ の見本関数.

　これからわかるように，固定端ブラウン運動は自己相似である．ここでは時間のスケールを a 倍すれば，その値は分布において $\sqrt{a}$ 倍となる．これをスケールを標準化して時間軸を射影変換すれば，同じ分布が得られ，いわゆる**ブラウン運動の射影不変性**を見ることができる．このような性質の一般化は無限次元回転群の言葉で整然と述べることができる．詳しくは無限次元回転群の章で扱う．

次のことが容易に証明できる.

命題 1.1 二つの固定端ブラウン運動 $\{X_{(0,x)}^{t_0,y}(t),\ 0\leq t\leq t_0\}$ と $\{X_{(0,y)}^{t_0,x}(t_0-t),\ 0\leq t\leq t_0\}$ とは同じガウス過程である.

ホワイトノイズ $\dot{B}(t)$ への移行

ブラウン運動 $B(t)$ を時間微分して,懸案のホワイトノイズ $\dot{B}(t)$ を得た. このとき最も重要な背景として理解しておきたいことは次の 3 点である.

(i) $\dot{B}(t)$ は各時点で**独立**である. t と s が違えば,$\dot{B}(t)$ と $\dot{B}(s)$ は独立である. この性質はブラウン運動が加法過程であること,すなわち独立増分を持つことから直観的には,すぐに理解できる. 独立な確率変数を扱うことは,最初の序章で掲げた筆者のこだわりであり,最も好ましいことである. しかし,それは通常の確率過程ではなく,超過程ということになり,余計な負担を負うことになる. いわば pay a price! である. しかし我々は,それも厭わない. 独立性をより重視する.

(ii) $\dot{B}(t)$ の分布は**ガウス型**である. 上述のように,通常の確率分布ではなく,理想的なものとしてのガウス型である. 理想的に考えるといっても,曖昧さを許すものではない. 見本関数が超関数であるから,任意にテスト関数 ξ をとり,それとの内積

$$\langle \dot{B}, \xi \rangle = \int \dot{B}(t)\xi(t)\,dt$$
$$= -\int B(t)\dot{\xi}(t)\,dt$$

として,通常のガウス変数が得られる. $\dot{B}(t)$ の採用は,この事実を踏まえての理想化である.

註 これら (i), (ii) における余分な負担は,以下の議論の中で十分処理できるものであり,我々は理想的なものを取り上げる利点の方を重要視したい.

(iii) 各 $\dot{B}(t)$ は atomic である. すなわち,余分な情報を用いずに自明でない独立な 2 変数の和に表せない.

次章以下で，逐次その正体と本論における役割を明らかにしていくが，ここでは，とりあえず，ホワイトノイズがお目見えをしたと理解して頂きたい.

内挿法によるブラウン運動・ホワイトノイズの構成

ガウス系の特徴を活かした構成法はレヴィによるが，ブラウン運動の性質をよく反映しており，今後役立つことが多い．文献 [35], [86] などで紹介されているが，重要な事柄であるので，ここでは要点のみを述べる．詳しくは紹介した文献に譲る．

逐次近似によってブラウン運動の構成であるが，その近似法に重要な意味がある．

まず同じ標準ガウス分布に従う独立確率変数列 $Y_n, n \geq 1$, を準備する．
まず
$$X_1(t) = tY_1$$
とし，帰納法により逐次 $X_n(t)$ を構成する．

T_n を 2 進数 $k/2^{n-1}$, $k = 0, 1, 2, \ldots, 2^{n-1}$, の集合とし，$T_0 = \bigcup_{n \geq 1} T_n$ とおく．

$X_j(t) = X_j(t, \omega), j \leq n$, が構成できたとして，$X_{n+1}(t)$ は

$$X_{n+1}(t) = \begin{cases} X_n(t), & t \in T_n, \\ \dfrac{X_n(t+2^{-n}) + X_n(t-2^{-n})}{2} + 2^{-\frac{n+1}{2}} Y_k, & t \in T_{n+1} - T_n, \\ k = k(t) = 2^{n-1} + \dfrac{2^n t + 1}{2}, \\ (k+1-2^n t)X_{n+1}(k 2^{-n}) + (2^n t - k)X_{n+1}((k+1)2^{-n}), \\ \qquad t \in [k 2^{-n}, (k+1)2^{-n}], \end{cases}$$

命題 1.2

(i) $X_n(t)$ はブラウン運動に収束する．

(ii) 時間微分 $\dot{X}_n(t)$ は，ほとんど至る所存在してホワイトノイズに収束する．

註 厳密な証明は省く．

第2章 ノイズ

2.1 ノイズ，偶然量の濫觴を訪ねて

「神はサイコロを振らない」という．
しかし自然界に見られる種々の偶然は，神ならぬ何処（いずこ）から来るのだろうか？随所に見られる偶然量とかノイズは，

(1) 邪魔ものとして除去されたり，それができないと諦めを誘ったりする．

(2) 一方これを積極的に，情報を保持した偶然量として利用することもある．

(3) 自己組織化(self-organization)，分子生物学などにおいて見られる driving force の役割を果している．

(4) 遺伝情報などのように，可視的ではなく，発生の原因も未知の要素が多いようなものも，決定論的でなければ，確率論の対象となり得る．ノイズが潜在的にあると考えられる．

(5) 熱雑音．電気的測定において，いつも観測誤差として発生する不規則な電位差．

そのようなノイズの典型で，かつ重要なものがホワイトノイズであり，前章で示したように，ブラウン運動から導かれるものである．

実は，偶然量も日常語ではなくて，数学的にきちんと定義できるものでなければならない．当面，それは，「ある確率空間の上に定義された確率変数の系として表すことができるもの」とする．そのような偶然量を数学的に扱う

方法といえば，それを記述する確率変数系の構造を決めたり，その変数系の関数を定義して解析し，それによって事柄の構造を決めたり，また将来の予測をしたり，場合によっては，その制御をしたりして，可能な数学的手法を駆使することになろう．

本章の主題は，種々の偶然量の数学的取扱いについて，できるだけ一般的な立場をとり，共通したアイディアによって，総合的な研究法を提案しようというのである．与えられるのは偶然量であるが，それがどのような確率変数系として表すことができるかという段階から始める．その数学的表現を分析していくとき，やがて究極の独立確率変数系で，各変数が素なもの，すなわち後の 3.2 節で詳しく説明する idealized elemental randam variables の系に到達するであろう．そのような系に更に若干の要請をする．すなわち，それは順序集合によるパラメータづけがなされ，それについて定常性があるとき，今は簡単にノイズと呼んでおく．

そこまでのことができたら，次は，もとの偶然量をノイズの関数の系にもどして，その関数の解析法など，逐次議論を進めていきたい．

この議論の遂行を，全くの徒手空拳で始めるのではなく，この方向の話題について，歴史的な参考事項をいくつか眺めて，それに学ぶことにしよう．確率論としての歴史は「はじめに」において手短かに眺めたが，ガウス系を中心にした確率解析の側面からの流れと思想を追ってみたい．

歴史的考察

● ガウス

極めて多数の，天体や土地の測量をした．そのデータは誤差を伴う偶然量である．これは確率変数列である．ガウスはその分布から，経験的に，また理論的にガウス分布を得たと理解できる．その研究態度に学びたい．

● ブラウン (R. Brown)

ブラウン運動を，発見したというのではなくて，これを科学の研究対象として認識したのである．これは 1827 年にまで遡る．

● マクスウェル (J.C. Maxwell)

マクスウェルは自由粒子のスピードの分布を調べた．1860 年のことである．

そのとき，無限次元球面上の一様な確率測度を考えようとして，ガウス分布が導かれた．統計力学的考察であった．

● アインシュタイン

1905年に，ブラウン運動を，実質的に数学の対象としたのである．そこには，時間発展の要素が取り入れられている．さらに特性的な定数に対しても，それらに数値的考察を加えた．さらに，実質的には無限次元のガウス分布も扱った．その後の論文も参照になることが多い．

● レヴィはすでに1919年，ホワイトノイズ測度（今日の立場で言うと）を考えている（Revue de Méta Physique et de Morale 誌）．その realization として，今日のホワイトノイズ $\dot{B}(t)$ を認識することができる．その趣旨の反映はレヴィ自身による内挿法を用いたブラウン運動の構成（近似でもある）に見られる．

その他，ノイズの発生要因として，多く実例による説明があることに気づく．力学はもとより，分子生物学における揺らぐ現象，経済学における偶然現象などを見ることは，いわゆる先人の助けを借りるためばかりではなく，将来への展望の基にもなるであろう．

その際，多くの場合，時間のパラメータを入れていることは重要である．それによって，因果解析を実行するための causality の配慮とか，innovation の概念の導入（例えば [54] 第6章，および [58] 参照）が自然なものとなったのである．

我々が特に重要視するのは，パラメータとして，空間変数も考えなければならないことである．ノイズに対して，時間・空間を考えることは論理的には当然かもしれないが，後にみるように確率論の立場から，後述のように，自然に考えなければならないことに気づくのである．

2.2 無限の概念

当然のことではあるが，確率変数系を考えるときに，そのメンバーの個数が問題になる．特に独立確率変数系であれば，その個数は重要な特性となる．有限個なら問題はない．取扱いは容易である．加算無限個の独立確率変数系

の扱いも，可算個の事象系の極限操作では新たな問題が起こるが，何とかなりそうだ．当然そこでは取扱いには注意深くしなければならないが．

ここでノイズの定義の理解を深める必要に迫られた．一般のノイズとは，当面，2.1 節で考えたような，独立同分布に従う実確率変数の系およびその一般化と理解しておこう．後に，確率変数を一般にしたものにまで拡張する．

ノイズには添数としてパラメータがつく．パラメータの集合は時間を表したり，空間的な量（点の位置ではない）を表す変数であったりする．すなわち，その集合は順序集合であり，位相空間でもあり，必然的に構造が入る．また，偶然量をパラメータ化するだけに，ノイズの性質はパラメータの濃度に深く関係する．特に有限と無限とは当然差がつくが，特に可算無限と連続無限とでは本質的な違いがある．

問題は連続無限個の独立確率変数系の場合である．それら変数の決める事象の可測性をはじめ，連続無限の極限操作など，考慮しなければならないことが続出する．

それらを系統的に考えてみよう．

I. 有限個の確率変数からなるノイズの集合，例えば，$X_1, X_2, \ldots, X_n$ の場合ならば，扱いは簡単である．その確率分布は 1 次元分布の n 個の直積となるから，このノイズ自身，またそれらの関数の扱いは極めて容易である．

「有限」の次に来るものは無限といって簡単に済ませるものではない．「無限」の認識には，いくつかの段階がある．

II. 可算無限（順序集合として）

　II-(i) 有限次元近似可能な場合．

　　例 1．ヒルベルト空間 l^2 の元 $x = (x_1, x_2, \ldots)$ の座標 x_n は次の条件を満たす：
$$\sum x_n^2 < \infty.$$

　この条件をみると，各座標 x_n は「同格ではない」．先細り！ とでもいうことができる．

　II-(ii) 真に可算無限の座標（各座標が同資格で一様に並ぶ）

　　例 2．X_n i.i.d.（独立同分布，independent, identically distributed）の

場合．この見本関数はヒルベルト空間の要素にならない（ほとんど確実に）．

この場合，重要な極限定理の問題が主役となり，従来の確率論においては，中心的な存在であった．事実，実り多い研究分野であった．

III. 連続無限（順序集合）

III-(i) 典型は R^d である．ホワイトノイズによる表現が可能な場合，すなわち可分な場合．

例 3. $\{\dot{B}(t),\ t \in R^d\}$. 連続無限個の座標ベクトルがある．それは total な系である！

実は，これにはブラウン運動 $B(t)$ が裏にあって，$\dot{B}(t)$ は，連続量 t をパラメータにして，つながって(!)いる．

R^1 を時間，あるいは $R_+^1 = (0, \infty)$ を空間のパラメータとして，それぞれ代表的なノイズが考えられる．その一般化も考えられている．

III-(ii) そうでないもの．

例 4. $\prod_t R_t$. すなわち R^R 上に導入される通常の直積測度を扱うのは困難である．実際，分布が抽象ルベーグ空間上の確率測度にはならない．可分性がくずれる．よって，我々はこれにはあまり立ち入らない．

上記の各場合に応じて，それぞれの無限次元解析のあり方が本質的に違ってくる．それを以下の議論によって逐次明らかにしていく．

パラメータで，いろいろ分類したが，以後，それらすべての場合を総括して，定常性を持つ独立変数の系は，前に約束したようにノイズである．

2.3　ホワイトノイズ解析の起こり

ノイズの関数，およびそれらの関数の解析を考える．勿論，ノイズが無限個からなるときである．関数は汎関数と呼ぶべき場合が多い．本命は前節の記号で，III-(i) のホワイトノイズの場合であることは言うまでもない．そのため，準備としてホワイトノイズを導くブラウン運動の場合を概観しながら，問題点のあり方を明らかにしよう．

当面の目標はブラウン運動を情報源とするランダム関数の取扱いである．このため，対象はブラウン運動 $B(t)$ の一般の（非線形）関数全体である．

20   第 2 章 ノイズ

微積分学の一般的方針に見習って，ランダムな世界における解析学の設定をするのが目標である．

(1) 扱う偶然現象は，ランダム変数であるブラウン運動の関数として表されるが，その変数としては，ブラウン運動 $B(t)$ 自身よりも，独立性を持った**独立確率変数系**であるホワイトノイズ $\dot{B}(t)$ を選ぶことが望ましい．しかも，好都合なことには，変数は各 t 毎に用意されているので，時間の進行や，過去・未来の事象を記述するのに適している．

一方，それは連続無限個あることにも注意しなければならない．前に注意したように，ホワイトノイズは可分性を満たすなど，良い性質を持つものであることも確認しておきたい．ブラウン運動が背後にあることを忘れてはいけない．これらの要請を満たす理想的なものの典型が，ホワイトノイズ $\dot{B}(t)$ である．

簡単に説明すると，ホワイトノイズ解析で扱う関数は，その変数であるホワイトノイズが連続無限個あり，それらは独立である．しかも，それを支える空間が可分（可算個の要素が生成元となる）である．したがって，我々が扱うことができる無限次元解析である．

(2) 変数が決まったら，基本的な関数のクラスの決定である．それには線形関数から始まり，2 次形式，高次多項式，さらに指数関数などの非線形関数へと続く．これらを順を追って考えていきたい．易しいと思われる線形の場合，意外にも深い内容が潜んでいて，さすがランダムな解析と思わせる．2 次形式にもまた無限次元である特性が露わに出てきて，慎重さを求められる．高次の場合や指数関数の場合はなおさらという感じがある．

(3) 線形関数の場合．ガウス系．

是非注意したいことがある．確率変数の系で，その任意の有限個の一次結合がガウス分布に従う場合，それを**ガウス系**という．特に時間 t をパラメータに持つガウス系は**ガウス過程**である．これを $X(t)$ と書く．ここで自明な対応に注意する：$t \geq 0$ として

$$B(t) \longleftrightarrow \dot{B}(t).$$

対応は時間の順序を保つ．このような理解の上で，どちらも基本的な系であ

2.3. ホワイトノイズ解析の起こり

るとしてよい．(この注意は，ノイズの一般論への伏線である．)

一般のガウス過程を与えられた偶然量と見れば，当初の reduction の問題，すなわち，$X(t)$ から独立確率変数系を取り出す問題が起こる．ガウス過程の場合でさえ，それは単純な話ではない．例を挙げよう．

例 2.1 ホワイトノイズで表現される次の二つのガウス過程は同じ過程である．下の式で $\dot{B}_i(u)$, $i = 1, 2$, はともにホワイトノイズとする．

$$X_1(t) = \int_0^t (2t - u)\dot{B}_1(u)\,du,$$
$$X_2(t) = \int_0^t (3t - 4u)\dot{B}_2(u)\,du.$$

実際，二つのガウス過程は平均値は 0 で共分散関数はともに

$$\Gamma(t,s) = 3ts^2 - \frac{2}{3}s^3, \quad t \geq s$$

である．したがって，両者はそれぞれガウス系をなすので，共分散が同じなら（平均値は 0 に注意）任意にいくつかの時点を選んだときの同時分布は同じである．すなわち確率過程としての分布は両者同じである．すなわち，同じガウス過程である．

このように，同じガウス過程に二つの，一見違った表現があることが不思議に思われるかもしれない．実は，そういう疑問が出ることこそ歓迎したいところである．この例はレヴィによるが，彼は，親切なのか，不親切なのかわからないが，この背後に潜む原理の有意義なことを直接明言することはしなかった．

事情を忖度して，ここで種明かしをしよう．

$X_1(t)$ を $[0, t]$ で積分して

$$Y(t) = \int_0^t X_1(s)\,ds = \int_0^t (t^2 - tu)\dot{B}_1(u)\,du.$$

$\frac{1}{t}Y(t)$ を t で微分すれば答は $B_1(t)$ であることはすぐにわかる．これから結論できることは，任意の t について $X(s)$, $s \leq t$, から $\dot{B}(s)$, $s \leq t$, が構成できるということである．後者は，時間の順序を保って，前者の関数になる．

逆の関係は始めから明らかなことであろう．こうして，reduction の目標が達成される．$X_1(t)$ のような好都合な表現は**標準表現**と呼ばれる．

一方，$X_2(t)$ はこのような性質は持たない．それをいろいろ試すことは容易であるので省略するが，一つだけ注意しよう．$X_2(t)$ を構成するのは $B_2(s)$, $s \leq t$, の関数であるが，同じ変数系から構成される

$$\int_0^t u^2 \dot{B}_2(u)\, du$$

は $X_2(t)$ と独立である．実際，そのことは共分散を計算してみれば，すぐにわかる．この事実は，$X_2(t)$ が $B_2(t)$ の情報をフルには使っていないことを意味する．

この例をヒントにして，一般のガウス過程のホワイトノイズによる表現の議論に進みたい．本質的でないところは簡単にして，ガウス過程 $X(t), t \geq 0,$ は

$$E(X(t)) = 0, \quad t \geq 0,$$

とする．また $X(t) \in L^2 = L^2(\Omega, P)$ に注意して $\{X(s),\ s \leq t\}$ の張る L^2 の部分空間を $M_t(X)$ と表すとき

$$\bigcap_t M_t(X) = 0,$$

すなわち，$X(t)$ は**純非決定的**であることを仮定する．この仮定のもとで，$\{X(t)\}$ の張る L^2 の部分空間 $L^2(X)$ から $M_t(X)$ への射影を $E(t)$ とするとき系 $E(t), t \geq 0,$ は単位 I の分解を与える．さらなる仮定

$$E(t)\ は\ t\ について右連続である$$

をおく．そのとき，実質はストーン–ヘリンガー–ハーンの定理であるが，次のことが成り立つ．$E(t)$ は点スペクトルも許容する．

定理 2.1 空間 L^2 を動く有限または加算個のガウス型加法過程 $Z_k(t)$ があって

(i) $\bigcup_k \{Z_k(s),\ s \leq t\}$ は $M_t(X)$ を張る（$E(Z_k(t)) = 0$），

(ii) $t > s$ のとき $E(s) Z_k(t) = Z_k(s)$,

(iii) 測度 $d\rho_k(t) = E(|Z_k(t)|^2)$ について

$$d\rho_1 \gg d\rho_2 \gg \cdots$$

である.

(iv) $X(t)$ はヴォルテラ (Volterra) 核 $F_k(t,u)$ により

$$X(t) = \sum_k \int_0^t F_k(t,u)\,dZ_k(u) \qquad (2.1)$$

と表される.

この表現において, 0 でない測度 $d\rho_k$ の個数は表現の如何にかかわらず一定である. それが $X(t)$ の**重複度**である.

重複度が 1 の場合 $X(t)$ の表現 (2.1) は

$$X(t) = \int_0^t F(t,u)\,dZ(u)$$

となるが, これが**標準表現**である. 例 2.1 の $X_1(t)$ は標準表現の例である.

標準表現が与えられたとき, 時刻 s までの $X(u), u \leq s$, が知られたときの $X(t), t > s$, の条件付き平均値は

$$\int_0^s F(t,u)\,dZ(u)$$

で与えられる. 標準表現は存在すれば (重複度が 1 なら) 実質的には一意である. 我々が興味があるのは $Z(t)$ が時間的に一様な増分を持つとき, すなわち定数を除きブラウン運動 $B(t)$ の場合である. そのとき我々の当初の目標とする, 独立変数系の構成, それによる関数表示などの懸案が, すべて解決した場合になる.

この結果を, ガウス系の範囲内で, できるだけ一般化したい. それには, 櫃田倍之, 日比野雄嗣, M. Yor 等の興味深い貢献があることを特記する.

表現を得ることは, ガウス過程 $X(t)$ の研究を, 加法過程 $Z_k(t)$ と標準核 $F_k(t,u)$ を調べることに帰着させることと理解される. 代表的な場合は勿論, 加法過程 $Z_k(t)$ がブラウン運動の場合である. そのとき, 絶えず時刻 t の進行によるランダム現象の変化に注目していることに注意する.

このような, 表現による確率過程研究のアイディアを, ホワイトノイズ (ブラウン運動) の非線形な関数で表される場合にまで一般化したい. それに先だって, ホワイトノイズの単なる非線形関数を考えなければならない.

これが，ホワイトノイズ解析，特にホワイトノイズの超汎関数を導入して，その一般的な解析を提唱する一つの動機であった．そのため，厳密な理論を行う前にアイディアを紹介する．他にもいろいろと重要な動機があった．また応用面での要請も多かった．それらは取り上げる毎に説明する．

δ 関数を直観的なものから超関数として正確にとらえた故智にならおう．実は，ホワイトノイズは，前述のように δ 関数に似た側面を持っているが，テスト関数 $\xi(u)$ を用いてならす方法はとらない．

しかし，δ 関数が超関数として市民権を得たように，$\dot{B}(t)$ にも超汎関数として適切な空間における確固たる地位を与えることができる．そのように認知された $\dot{B}(t)$ は t 毎に素な要素であり，t はならしの操作で消されることはないので，時間発展の現象を表すのに適当である．

これに関する詳しいことは第4章で述べる．

(4) 非線形汎関数へ．

こうして，明確な地位を得た $\dot{B}(t), t \in R^1$, を基礎にして，一般の関数 $f(u)$ により線形汎関数は

$$\int f(u)\dot{B}(u)\,du$$

のように表され，その取り扱いに困難はない．これは連続無限個の $\dot{B}(t)$ を変数とする1次式である．

次に，$\dot{B}(t), t \in R^1$, の非線形関数を取り上げることになる．

$\{\dot{B}(t)\}$（t の関数とみた）の見本関数は超関数であるため，その非線形関数を扱うのは簡単ではない．ランダムでない普通の超関数でも，例えば δ 関数などは，最も簡単な2乗する演算でも補正なしにはできない．ましてや，ランダムな関数においては，事情はより複雑である．ホワイトノイズの場合で，$\dot{B}(t)^2$ を取り上げてみよう．形式的に，それを $\frac{(\Delta B)^2}{\Delta^2}$ の極限とみても平均値は $\frac{1}{dt}$ となってしまい，すでに無限大である．一方で，従来の確率解析の公式として

$$(dB(t))^2 = dt$$

があることを思い出そう．左辺は微小ながらランダムである．右辺も微小であるが，等号で結ぶには，なおランダム量が残されている筈で，そこに躊躇

2.3. ホワイトノイズ解析の起こり

がある．その微小なランダム量を無視せずに拡大してみよう．$(dt)^2$ で割るのである．こうして，ランダムな量が

$$\dot{B}(t)^2 - \frac{1}{dt}$$

として息を吹き返すのである．これがくりこみの一例である．

注意 上の形式的な引き算を $\dot{B}(t)^2$ の 0 次および 1 次のブラウン運動の汎関数空間への直交化と理解してはいけない．たとえ結果はそうであっても．

同じ 2 次でも，$t \neq s$ のときの $\dot{B}(t)\dot{B}(s)$ にはくりこみの必要はない．ただし，$t = s$ を避ける記号は必要であるが．

より一般のホワイトノイズの 2 次形式というなら

$$\varphi(\dot{B}) = \int f(u) \!:\! \dot{B}(u)^2 \!:\! du + \iint F(u,v) \!:\! \dot{B}(u)\dot{B}(v) \!:\! du\, dv \tag{2.2}$$

となる．記号 :・: はくりこみを表す．すなわち右辺の第 2 項は $u = v$ の場合を除くことを意味する．詳しい説明は 4.3 節に譲る．

このような考え方で，高次の $\dot{B}(t), t \in R^1$，の多項式を含む，より一般の超汎関数を，自然に（解析学の方向に沿って）導入することができる．

(5) 微分演算．

関数のクラスが決まったら，次はそれらの関数（汎関数である）に対する演算である．始めに微分がある．

ホワイトノイズの関数で，時間 t に陽に依存する場合は当然 t について微分することが考えられる．これは容易である．

それとは違って，変数 $\dot{B}(t)$ による微分 ∂_t を考えることができるのがホワイトノイズ解析の大きな利点である．変数がランダムであるため，初等微積分のときの類似は通用しない．特に，我々の場合，変数が連続無限個ある場合には，計算上の注意ばかりでなく，微分の定義そのものを十分論議しなければならない．詳しいことは，これも後の詳論にゆだねることになるが，簡単に計算できる場合の例を挙げて，見通しをつける一助としたい．

上の例 (2.2) に ∂_t を施すと

$$\partial_t \varphi(\dot{B}) = 2f(t)\dot{B}(t) + 2\int F(t,u)\dot{B}(u)\, du$$

となる．

微分演算に従って，その共役作用素 ∂_t^* も導入されて系統的な解析が行われることは逐次解説していくことになる．

応用例．下の (1), (2) は第 III 部で見る．

(1) 量子力学．ボーズ (Bose) 場の表現．ファインマン経路積分 (Feynman path integral) の設定など．

(2) 生物．ブラックボックス (black box) の identification. 例えばナマズの網膜の作用をノイズを使って解明する．

(3) 確率微分方程式の解法．

例 **2.2** ランジュバン方程式の一般化．

もとになるランジュバン方程式は，$a > 0$ として
$$\frac{d}{dt}X(t) = -aX(t) + c\dot{B}(t)$$
で与えられる．$t \to -\infty$ のときの初期条件を 0 にすれば（今は形式的な表現である），この方程式の解は一意に存在して，それはガウス–マルコフ定常過程という，代表的な確率過程である．

これを少し変形して，dt 時間でのランダムな変化に bilinear な成分を加えて
$$\frac{d}{dt}X(t) = -aX(t) + (bX(t) + c)\dot{B}(t)$$
と表される確率微分方程式を取り上げよう．時間区間は $(-\infty, \infty)$ である．これもよく知られた方程式であり，ブラウン運動の汎関数の扱いの一例として [30] 第 4 章で扱った．ところが，ホワイトノイズ解析の始まった初期の頃であるが，久保泉氏が，後述の S-変換を用いて一挙に解く方法を示され，この方向への研究に弾みがついたことを思い出す．

また，ランジュバン方程式を複雑にする方向は異なるが，[13] では，ファイナンスの数理の方向への発展に紹介されていて興味深い．

2.4 Reduction, Synthesis and Analysis

このタイトルは，現時点において，論旨をまとめるために整理した述語である．

歴史的に言えば，目立った記録としては 1975 年の Carleton Note [29] であるが，実際は 1967–68 年の Princeton lecture [26] と言ってよい．その考えは，現在の用語で言って

Reduction

の考えから始まる．ランダムな複雑系を数理的に扱うのに，独立で素なもののシステムを取り出し，その関数として元の複雑系を表現すれば，その解明は関数の解析の話に持ち込める．すなわち数学の課題となる．これが reduction である．

このとき，独立で素なもののシステムとして，すぐに思いつくのはブラウン運動 $B(t)$ の時間微分である「ホワイトノイズ」$\dot{B}(t)$ であった．その背後には，1960 年に一応まとめた「ガウス過程の標準表現」の理論があった．2.3 節，および [24] を参照．

一方，確率過程 $X(t)$ の言葉で，大まかな表現で言えば，毎瞬間 t で $X(t)$ が微小区間 $[t, t+dt]$ において新たに獲得する，t 以前とは独立な新しい偶然量，すなわち innovation（新生過程）を取り出すという問題があった．これには長い歴史がある．

(i) レヴィの 1937 年の著書 [54] には時系列の場合に innovation 問題（レヴィはこの言葉は使っていない）の設定があるが，あまりまとまってはいない．ローゼンブラット (M. Rosenblatt) はある時期（1960 年前後）この問題に専念していたが，期待されたような成果に到達するにはまだ時間が必要と思われる．

レヴィは 1953 年 [58] の論文で infinitesimal equation といって，確率過程 $X(t)$ に対する変分方程式

$$\delta X(t) = \Phi(X(s), s \leq t; Y(t), t, dt) \qquad (2.3)$$

を掲げて，innovation $Y(t)$ の意義に言及している．これは，彼の提唱したガ

ウス過程の標準表現のアイディアにつながる．注意したいことは，パラメータが連続になり，方程式が出てきたことである．それは変分方程式である．

(ii) ウイナーとカリアンプル (G. Kallianpur) には，これについての未発表の論文がある（private communication およびウイナー全集 III. [103]）．この意向はマサニ (P. Masani) によって受け継がれた．1950 年代の研究方向として，線形予測の理論は終わり，時代は**非線形予測理論**を指向していた．その一つの手法として innovation を用いることが考えられ，これが当時の研究者に大きな影響を与えたのである．

(iii) T. Kailath, V. Mandrekar や A.N. Shirjaev は innovation の問題に真正面から取り組んだ．通信理論として，「信号」＋「ノイズ」の形を扱うが，ガウス過程の表現の問題と，アイディアも手法も深く関連した．

　時を経て，2011 年の「新しいノイズ」の認識に至り，系統的にホワイトノイズ解析にくりこまれていくのである．それは次節の話題となる．
　reduction に続くのは，

Synthesis and Analysis

である．reduction によって得られた独立確率変数の関数として元のランダム系を表す synthesis の段階になる．当然，これに続くのは，得られた関数の analysis である．

　しかし，この理想案の実現には多くの蓄積が必要である．特に innovation を求めるのは，ガウス過程を除き，一般には容易ではない．それで，少し「回り道」をしようという考えも生まれたのである．すなわち，先走って，独立変数系が与えられたとき，どのような関数が考えられ，それらの解析が実行できるかを，まず見ておこうというのである．

　これは唐突ではなく，ガウス過程の場合は「標準表現」の理論ができていて，synthesis-analysis が具体的に進められているのが支えになった．ただし，そこでは演算は線形であるが．

　本節をわざわざ独立して回顧の内容にあてたのは他でもない．理想とする確率解析の理論は，ホワイトノイズ，あるいはより一般のノイズが与えられてから，関数を定めて，解析を進めるのではない．理論をまとめて書こうと

すると，論理的なものがルートを決めて，出発点を既知のものにしがちである．それは避けたいものである．

　我々が理想とする stochasticity の立場からは，確率論の対象としたい内容があって，議論は，その reduction から始まる．次の analysis の結果をみて，また回帰することもある．この**ダイナミックな理論構成**こそ我々が目指す方向である．

第3章 ホワイトノイズ理論の基礎

3.1 目的と経過

いま，innovation の典型としてのノイズ，特にホワイトノイズが与えられたとして，その関数の解析を進めることにする．勿論，ノイズとして，ホワイトノイズを取り上げる多くの理由があるが，今は述べない．

1975 年提案の時から系 $\{\dot{B}(t), t \in R^1\}$ を，基本となるベクトル空間の基として，そしてまた扱う関数の変数系として取り上げてきた．最初はこの系を直感的理解に頼る面もあったが，理論は次第に厳密な意味で進められるようになった．当初は，これを用いることには批判も多かった．一つには $\dot{B}(t)$ が通常の確率変数ではないからであろうか？ しかし，reduction の立場からこれを支持する声もあった．今や $\dot{B}(t)$ を取り上げ，その関数を考えるのに十分な理由と必要性も知られてきた．さらには厳密な議論も大いに進んで，応用も豊富にみられ，批判は昔日の感がある．

遡れば，この変数系に対しては，ゲルファント (I.M. Gel'fand) による超過程と理解する立場があったが [20]，我々は $\dot{B}(t)$ をならして（smear して）考えるのではなくて，個々の $\dot{B}(t)$ 自身を直接取り上げる．さらに，繰り返すことになるが，$\dot{B}(t), t \in R^1$，のような，連続無限個の一次独立なベクトルの系の厳密な認識が必要であるとする立場があった．量子力学や統計学などでである．実際，もし，連続無限個の独立確率変数列を扱うとするならば，それらは通常の確率変数ではあり得ないことになってしまうからである．このような困難さをどう乗り切るかは最も重要な問題であり，次章で論ずる．

これは余談であるが，$\dot{B}(t)$ は δ 関数の stochastic な意味での平方根として自然なものであるとする見方がある．ある意味で，これは事実であり，直観的な計算には役立っているとしても，より説得力のある説明が必要となる．例えば，$E(\dot{B}(t)\dot{B}(s)) = \delta(t-s)$ があるが，説明としては不十分の誹りを免れない．

　関連して，空間のパラメータについても，独立で素なものを考えようとしたが，同じ困難さに遭遇するのは当然である．プリンストン大学での講義（1967–68 年）ではその分布はポアソン型のものではあるがポアソンノイズ $\dot{P}(t)$ ではないことを認識して，これと区別するために無理に記号 P_{du} を導入しておいた．それは妥協の産物であった [26]．

　空間のパラメータに依存するノイズを厳密な意味で再確認したのは，やっと 2011 年の QBIC 研究会であった [36]．それは，外見はレヴィ過程のレヴィ分解（レヴィ–伊藤分解）に出てくる式に似ているのでポアソンノイズ，すなわちポアソン過程の時間微分 $\dot{P}(t)$ と誤解されることが多かった．そこで，一案として，空間・時間・ノイズ (Raum・Zeit・Rauschen (Space・Time・Noise)) といって説明を加えてきた．勿論，ワイル (H. Weyl) の Raum・Zeit・Materie [99] にならっての話である（実際，そこでの変換群の話は大いに参考になる）．

　遅ればせながら，$\dot{B}(t)$ を取り上げることの説明に強力な後押しがあることを知った．それに気づいたのは今から約 10 年程前のことである．朝永振一郎先生の連続無限個の座標ベクトルを有意義とする話があり [94]，さらに 1971 年の名古屋大学での集中講義では，それらのベクトルは長さが無限大であるという説明もあった．ディラック (Dirac) の [11] の §10 の話とも関連がある．我々は，そのようなベクトルこそ $\dot{B}(t)$ として数学的に実現されていることと認識して，ハタと膝を打ったのである．

　なお，関連してシュレーディンガー (Schrödinger) の [78] における所論も参考になる．

　これらのことは，我田引水的な言い方をすれば，何よりも「独立性」を重要視し，他のことは多少の犠牲を払うのもやむを得ないとしてきた結果である．

3.2 Idealized elemental random variables
1. ノイズ

これまで，大らかに用いてきた**ノイズ**という言葉であるが，それを数学の用語とし，かつ標準的なものを表示するために，最終的に厳密な定義をする．それは idealized elemental random variables（i.e.r.v.'s と略記する．この用語はクローダー (J. Klauder) 教授の薦めによる）の系で以下に述べるような若干の好都合な付加的条件を満たすものをいう．

定義 3.1 次の条件を満たすものを idealized elemental random variables の系という．

(i) 独立同分布に従う**素**であり，かつ理想的な確率変数（超確率変数も許す）の系であって，

(ii) 順序集合をパラメータ空間に持つものである．

(iii) その確率分布は抽象ルベーグ空間となる．

さらに

(iv) パラメータの推移が定義されるときは，その変換による確率分布の定常性が従うものとする．

このような系を単にノイズと呼ぶことが多い．

我々は，ノイズの関数を取り上げ，その解析を目標とするが，当然豊富な応用と，それからのフィードバックを期待し，ノイズや関数の再構成も許容する，むしろ歓迎するものである．

この時点で，いくらか確率論に対する我々の理想と考え方を，ノイズの立場から説明することができる．確率論を，予め他から確率空間が与えられ，そこで提出された問題の確率計算を主目標とする学問であると理解するのでは物足りない．

確率空間は，予めイメージがあるかないかによらず，我々が構成するものである．それが記述する対象はいわゆる「偶然現象」である．容易に，事象やその確率が定義できる場合もあるが，それ以上の場合に興味がある．見か

けによらず，積極的に事象を決めて，その確率を導入して，そこに確率空間を構成するのである．そのような確率空間こそ数学的な意味での**偶然現象**である．

確率解析がスムーズに遂行できるために，確率空間は抽象ルベーグ空間とする．そこでは，可算個の事象に関する極限操作も，ルベーグ式の微積分も自由にできる．

確定した確率空間の上の関数，詳しくは，すでに説明したノイズが確率空間の上の基本的な関数系であり，それを変数とする関数（それは再び確率変数となるが）そのような関数の集合が偶然現象の一つの数学的表現となるのである．

ノイズの形態はパラメータの選択によって異なる．

(1) 離散パラメータで無限集合のとき．代表的に自然数の集合 N をパラメータ空間と決めよう．そのときノイズは i.i.d. 確率変数系 $\mathbf{Y} = \{Y(n), n \in N\}$ である．各 $Y(n)$ に共通な確率分布は任意に選べる．明らかに，異なる n について $Y(n)$ 間のつながりはない．

このとき，ノイズの関数は $F(Y(n), n \in N)$ と表され，変数 $Y(n)$ についての微積分は，ランダムでない関数 $F(y)$ に対するものと形式的にはあまり相違はない．しかし，前述のように，そこには可算無限個の事象のあり方や行動を規定する極限定理という理論体系があり，興味深い．

(2) 連続パラメータの場合．これが我々の主題である．変数は i.i.d. 確率変数列の連続無限個の場合となる．その取扱いに，離散パラメータのときの直接の類似は不可能である．いま，連続なパラメータ集合を具体的に単位区間 $[0, 1]$ としよう．もし，各 $Y(t)$ が通常の確率変数で $\{Y(t)\}$ を独立な確率変数系としたならば，この系の確率分布は R^R 上に導入されるが，すでに説明したように，その測度空間は抽象ルベーグ空間にはならない．そこでは通常のルベーグ式の微積分ができないので，このような場合は，当面は避けなければならない．

では解析可能という目的が達成されるためには，一体どうしたらよいであろうか？

3.2. Idealized elemental random variables

そのための手法は，離散パラメータの場合の真似ではなく，そこにおける変数系の「扱い方の類似」が一つのヒントになる．すなわち離散的な場合は，独立な系 $Y(n)$ の代わりに，部分和 $S(n)$ の系をとっても同等と考えられる．すなわち

$$Y(n) \longleftrightarrow S(n) = \sum_{1}^{n} Y(k).$$

この考えを連続パラメータの場合に持ち込む．そうすれば，$S(n)$ の代わりに独立増分を持つもの，すなわち t を時間とみたときの加法過程，$Z(t)$ をあてればよい．次に，定差 $Y(n)$ に相当するのは t についての微分 $\dot{Z}(t)$ である：

$$\dot{Z}(t) \longleftrightarrow Z(t) \tag{3.1}$$

$Z(t)$ が加法過程であるとすれば，$\{\dot{Z}(t)\}$ がノイズの候補になる．ただし $Z(0) = 0$ としてよい．加法過程の分散関数（2次モーメントの存在を仮定して）$\sigma^2(t) = V(X(t))$ は t について加法的である．時間的一様性を仮定すれば $\sigma^2(t) = c^2 t$（c は正定数）となる．よって $\frac{\Delta Z}{\Delta}$ の標準偏差は $c/\sqrt{\Delta}$ となって $\Delta \to 0$ のときの極限値である $\dot{Z}(t)$ は「長さが無限大の理想ベクトル」となる．さらに，素であるものを構成するとするとなれば，レヴィ過程 $Z(t)$ の分解に訴えることになる．

2. ノイズの発生

ここでは標準的なノイズを考えるが，1934年のレヴィの論説 [53] が参考になる．

標準的といっても，いくつかの標準的なノイズが構成できる．それを見るために，連続パラメータの空間をやはり $I = [0,1]$ としておく．離散変数による連続量の近似の方法は，実数の2進法展開がモデルになる．その近似法は，各段階が consistent になっている．

ノイズは，それが定義される確率空間の選び方，パラメータ空間の濃度やその性質などによって，定義の様式が大きく変わってくる．我々の考え方は

(1) 再確認するまでもないが，**抽象ルベーグ空間**の上にノイズを構成する．

(2) 構成したいノイズのパラメータは連続無限であるとする．したがって，

各元は通常でない理想的な確率変数である．

(3) 連続無限量に対する離散変数による逐次近似で，近似の個数を consistent に，実数の 2 進法展開式に逐次増やしていく．

(4) 独立と独立増分とを同等と考える．すなわち，離散パラメータの類似で (3.1) のように，加法過程の時間微分を取り上げる．

(5) デジタル的な近似の第 n-ステップを $Z_n(k) = \sum_1^k X_j^n$ とする．一様近似の要請から各 n について $\{X_j^n, 1 \leq j \leq n\}$ は i.i.d.，かつ各 X_j^n は素である．

(6) これらの要請のもとで，ノイズの構成には，次に示す二つの場合 (1), (2) のみが可能である．

(1) 区間 I を n 個でなくて 2^n 個の等区間 Δ_k^n, $1 \leq k \leq 2^n$, に分割する．各小区間に i.i.d. の要素 X_k^n を対応させる．$E(X_k^n) = 0$ とするが，分散については，分散の和 $\sum_1^{2^n} V(X_k^n)$ を一定 ($= 1$) にするため，$V(X_k^n) = 2^{-n}$ とする．各確率変数の標準偏差（スケールを表す）は $2^{-n/2}$ である．区間の長さで割ってスケールあたりの確率変数としては $\frac{X_k^n}{2^{-n}}$ である．$n \to \infty$ のとき長さは無限大になる．

一方，和 $\sum_1^n X_k^n$ はすでに規格化されていて，中心極限定理により，n が大きければ，その分布は標準ガウス分布に近づく．

連続する小区間の和が区間 $[a, b]$ となったとする：

$$\sum_k \Delta_k^n = [a, b].$$

そのような k について和

$$S(n; a, b) = \sum_k X_k^n$$

をとれば，$n \to \infty$ のとき $S(n; a, b)$ の分布はガウス分布 $N(0, b-a)$ に近づく．区間 $[a, b]$ と $[c, d]$ が重なり合う区間がなければ $S(n; a, b)$ と $S(n, c, d)$ とは独立である．こうして $\{X_k^n\}$ はブラウン運動 $B(t)$, $t \in [0, 1]$, を近似しているとみることができる．また，X_k^n はホワイトノイズ $\dot{B}(t)$ を近似する．

3.2. Idealized elemental random variables

上の近似で各変数 X_k^n は分散有限としたことに注意したい.このとき,有限とした値は 0 でないならば何程でもよい.ガウス分布はすべて同じタイプだからである.したがって理想的なノイズは,この状況では,ただ 1 種類しかない.

ここで注意がある. n 番目の近似に用いる確率変数列 X_k^n, $k = 1, 2, \ldots, 2^n$, と $n+1$ 番目の列 X_k^{n+1} とは,スケールの点を除けば自由である.ところが, n 番目の変数列を活かして $n+1$ 番目の独立変数列を,新たに与えるのは,逐次近似法としては,当然望ましい条件であろう.すなわち,

$$X_k^n = X_{2k}^{n+1}, \quad k = 1, 2, \ldots, 2^n.$$

さらに,これが加法過程を近似していることが期待される.すなわち任意の n について, $X_{k+1}^n - X_k^n$, $k = 1, 2, \ldots, 2^n$, は i.i.d. でなければならない.これは大きな束縛条件であり,事実,それが可能かどうかも自明なことではない.次の補題はその事情を明らかにする.

補題 3.1 X と Y は独立同分布で,平均値は 0 とする.もし, $X+Y$ と $X-Y$ が独立ならば, X, Y はガウス変数である.

証明 $X, Y, X+Y, X-Y$ の特性関数をそれぞれ $\varphi_1, \varphi_2, \varphi_3, \varphi_4$ とする.仮定から $X+Y$ と $X-Y$ が独立であるから,任意の実数 z, w に対して

$$\begin{aligned} E(e^{iz(X+Y)+iw(X-Y)}) &= \varphi_3(z)\varphi_4(w) \\ &= \varphi_1(z+w)\varphi_2(z-w) \end{aligned}$$

が成り立つ.特性関数は原点で 1 になること,また $z+w$ と $z-w$ とが一次独立な変数であることから,上に現れる関数はすべて 0 にならない連続関数であることがわかる.よって一意的に対数をとることができて

$$\log \varphi_k(x) = f_k(x)$$

とおけば,

$$f_1(z+w) + f_2(z-w) = f_3(z) + f_4(w)$$

が得られる.各 f_k が局所可積分であることからシュワルツ (Schwartz) 超関

数論の正則化が可能となり，4つの関数は C^∞ 関数である．

z と w について，それぞれ 1 回微分すれば

$$f_1''(z+w) + f_2''(z-w) = 0$$

が得られる．$z+w$ と $z-w$ とが独立変数とみなせることから f_1 も f_2 も高々 2 次式でなければならない．φ_k にもどして，それらが平均値 0 の確率変数の特性関数であることに注意すれば，すべての k について

$$\varphi_k(z) = \exp[-c^2 z^2]$$

となることがわかる．すなわち，X, Y はガウス変数である（図 3.1 参照）．

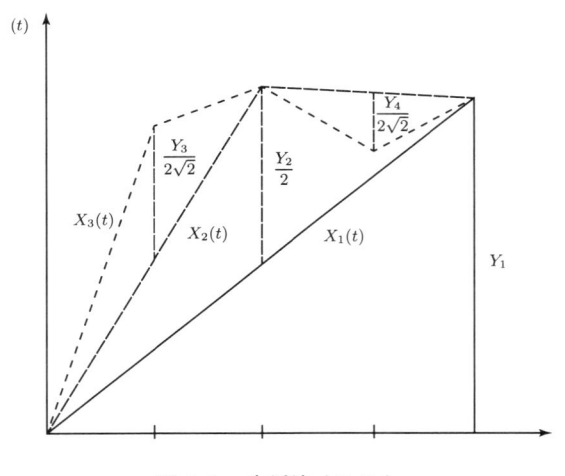

図 **3.1** 内挿法イラスト．

理想的なノイズを近似の方法によって特定するにあたり，各段階 n で独立な変数を多数準備するのではなくて，いつも前の回の確率変数を活かして，次には新しく独立なものを追加していく逐次近似の方法は理想的であるが，ガウス変数を用いることに限定される．言いかえると，ガウス変数（系）が極めて特殊な，実際好都合な特性を持つことの再認識でもある．レヴィによるブラウン運動の近似法による構成にこの事実が用いられている．1.3 節の最

3.2. Idealized elemental random variables

後に述べたブラウン運動の構成法参照.

上の補題はこのあたりの事情を説明している.

(2) I の分割は (1) と同じとする. ただし (1) では分散に着目したが, 同じく加法性を持つ平均値に注目する. さらに X_k^n は, とる値が最も単純な場合 (素であることの要求から), すなわち, 二つの値のみ, しかもスケールと理解したいので負でない値, 例えば 1 と 0 として, それぞれの値をとる確率を p_n と $1-p_n$ とする. ここでは, 和 $S(n) = \sum_1^{2^n} X_k^n$ の平均値 np_n を n に無関係な値 $\lambda\,(>0)$ となることを要求する. これもスケールに対する要請から来る.

周知のことであるが, $n \to \infty$ のとき, $S(n)$ の分布は平均値 (強度, intensity である) λ のポアソン分布に収束する (小確率の法則).

ここでも (1) のように $S(n)$ の部分和を考える. I の部分区間 $[a,b], b-a < 1$ に対応する部分和は平均値 $(b-a)\lambda$ のポアソン分布に収束する. 区間 $[a,b]$ と $[c,d]$ とが重なり合う区間がなければ, 両者は独立である. よって, $S(n)$ は強度が λ のポアソン過程 $P(t) = P(t,\lambda)$ を近似していることがわかる.

このとき, ノイズ $\dot{P}(t)$ の近似値は X_k^n によるのではなく, 微小区間 Δ をとり $\sum_{\Delta_k^n \subset \Delta} X_k^n$ を $|\Delta|$ で割った極限を考えることになる. それは近似的に $\frac{X_k^n}{2^{-n}}$ としてよい. やはり形式的に長さ無限大のベクトル (理想的な確率変数) に近づく.

ここでまた重要な注意がある. 上の極限を考えるとき, 強度 λ を天下り的に決めた. いわば強度を選択する自由があった. これについて, 一つの主張がある.

そのため, 確率分布のタイプの概念を準備する. 確率変数 X, Y について, ある定数 $a > 0, b$ が存在して Y の分布が $aX + b$ と同じであれば, X と Y の分布は同じ**タイプ**であるという.

これを特性関数の言葉で表せば, X, Y の特性関数をそれぞれ $\varphi_X(z)$ および $\varphi_Y(z)$ とすれば, 両者の関係は

$$\varphi_Y(z) = e^{ibz}\varphi_X(az)$$

となる.

ここで, もう一つ用語を準備する. X がポアソン分布に従う確率変数で,

Y は X と同じタイプの分布を持つとき,Y を**ポアソン型**の確率変数であるという.ポアソン型の確率過程もこれにならう.

命題 3.1

(i) 分散 0 のものを除き,すべてのガウス分布は同じタイプである.

(ii) 二つのポアソン型の分布は,強度が違えば,それらのタイプは異なる.

証明 (i) は特性関数が $e^{imz-\frac{\sigma^2}{2}z^2}$ だから結論は明らか.

(ii) ポアソン型の場合の特性関数は

$$e^{imz+\lambda(e^{iaz}-1)}$$

である.λ が異なれば,a と m をどのように変えても,特性関数は,z の関数として同じものにはできない.すなわち,強度が違えばタイプは異なる. □

ノイズの構成にもどり,我々は,$\lambda > 0$ をいろいろ変えて違ったタイプのポアソン型確率変数,また,違ったタイプの確率過程の系

$$\mathbf{P} = \{P(t,\lambda), \lambda \in (0,\infty)\} \tag{3.2}$$

を得た.すなわち,ポアソン過程にも連続無限個の違ったタイプの要素がある.この系 $\mathbf{P}$ は独立なポアソン過程の系であるように構成できる.ただし,その系が可分性を持つとは限らないが.

系 $\mathbf{P}$ の各元 $P(t,\lambda)$ を組み合わせて複合ポアソン過程が構成される.その組み合わせ方にも,若干の制限はあるが,それは多くの自由性を持つ.その組み合わせ方の詳細は,次の 3. の議論をまつことになる.

これまで,(1) と (2) で時間をパラメータにする代表的なノイズを考えたが,両者の相違はどこにあるのかという問いがあろう.それについて,一つの観点を述べよう.(1) は区間 I を時間のパラメータ集合とみる立場で,時間の推移による X_n^k の変化を意識する.(2) は各微小な確率変数のスケールについて,その減少のあり方に着目するものである.

「時間のパラメータを取り上げて」,i.e.r.v. の系を決める**帰納化**すなわち reduction の結果は,理想的なノイズとして,本質的にはこれら 2 種類で尽

きることがわかった．加法過程，特にレヴィ過程を取り上げて，独立変数列の和に代えたことから来るが，レヴィ過程の分解を受け入れて，素な要素としては，ガウス過程および強度を種々に変化させたポアソン型過程の各々で尽きるという事実から具現化が得られるのである．

3. 空間パラメータのノイズ

大事なことがある．これまでの所論はすべて，i.e.r.v. のパラメータを時間にとった結果である．

複合ポアソン過程については，すでに触れたが，その各構成要素は時間とは別の空間のパラメータである強度を持っている．それらは連続無限個存在するが，reduction の立場から，違ったタイプのものに分類したい．分類には強度を用いるのが適当である．それはまた atomic なものを考えることにもつながる．しかし強度は視覚に訴えるには適していない．

このような状況で，結論を具体的なものにするために，理論的な段階を追うことにする．

以下の議論は，主として，[39] による．

(1) 2 の (2) でポアソン分布を導くときに，強度 λ の選択に自由性があるといった．実際その値は連続無限個の可能性がある．そのときの原則で，近似に用いる個々の確率変数のとる値を最も単純な 0 と 1 としたが，その代わりに 0 と $a > 0$ にしてみよう．強度は λa になる．このように，元になる確率変数のスケールを変えるのは，強度を変える一つの方法である．

(2) 一般に独立なポアソン過程の和があるとき，それはまたポアソン過程で，強度がそれぞれの強度の和になっている．しかし係数（一次独立な）をつけて和をとれば，和から個々の過程が取り出せる．

(3) 連続無限個の独立なポアソン変数を扱うのは，前に議論したように，加法過程を考えて，その時間微分である（理想的）確率変数を考えればよい．今は微分は空間変数による微分である．時間のパラメータとの混乱を避けるために，そちらは $t = 1$ に固定する．そこで，空間変数 u をパラメータとする加法過程 $Z(u)$ あるいは，その u-微分を適当に構成すればよいことになる．その具体的な方法を，趣旨を考えながら，分布の特性関数を用いて，以下で説

明する.

(4) ポアソン変数の ϕ-関数, すなわち特性関数 $\varphi(z)$ の対数：$\phi(z) = \log \varphi(z)$ を考える. ただし対数をとるとき, $z = 0$ で 0 となる枝をとる. その関数は次の形をとる.
$$\phi(z) = \lambda(e^{iz} - 1).$$

上の (2) から, 強度の違った（タイプが違った）独立なものをいくつか加えるときは, 強度 λ_j のラベルとして u_j をつける. これを係数として
$$\sum_j \lambda(u_j)(e^{iz_j u_j} - 1)$$
としよう. これはすぐに一般化できて, u を変数とする加法過程にすることができる. その特性汎関数は
$$\exp\left[\int_{0+}^{u} \lambda(v)(e^{i\xi(v)v} - 1)\, dv\right] \tag{3.3}$$
とすればよい. ξ は適当なテスト関数にとる. u が強度 λ のラベルであるためには
$$\lambda \longleftrightarrow u$$
が全単射, あるいは特に $\lambda(u)$ を $(0, \infty)$ から, それ自身への狭義単調関数による同型対応を与えるものとしておけばラベルの趣旨は活かせる.

(3.3) の積分範囲を $0+$ から正の範囲にしたのは u が空間の点の位置ではなく推移とか長さの量と理解するからである. [99] 参照.

これが特性汎関数となるための条件は, 上の被積分関数の積分可能性であること, すなわち $\lambda(v)$ については, $(0, \infty)$ において局所可積分であり
$$\int_{0+}^{1} v\lambda(v)\, dv < \infty, \quad \int_{1}^{\infty} \lambda(v)\, dv < \infty$$
を満たすこととなる.

註 $\lambda(v)$ をより一般化して, $(0, \infty)$ 上のボレル測度 $dn(v)$ とすれば, 複合ポアソン過程のレヴィ分解（レヴィ–伊藤分解）に対応することが容易にわかる. ただし, ここでは, **u をパラメータにする加法過程**（独立増分）であることには特に注意が必要

3.2. Idealized elemental random variables

である. u は変数であって,複合ポアソン過程のように, u についての定積分のようにはしない. u は時間を表すのではないので,過程というのは適当でない.そのため,確率変数系と呼んだりするが両者を混用もする.

(5) 特性汎関数 (3.3) を導くこと.

λ を強度とするポアソン過程の $t=1$ とした確率変数を $P(\lambda)$ と書く.その集合は (3.2) で与えられたポアソン過程の系から $t=1$ とおいて得られる:

$$\mathbf{P}_1 = \{P(\lambda) = P(1,\lambda); \lambda \in (0,\infty)\}. \tag{3.4}$$

ここで仮定を置く.

仮定 上の (3.4) の系 $\mathbf{P}_1$ は λ について加法的である.

この仮定を満たす好都合な系 (3.4) の存在が問われるが, (3.2) の系 $\mathbf{P}$ から,それは解決する.実際,ポアソン過程を見るとき,時間が空間パラメータとみなした強度を目覚めさせているのである.

$P(\lambda)$ の特性関数は

$$\exp[\lambda(e^{iz} - 1)]$$

である. $P(\lambda(u+du)) - P(\lambda(u))$ を $P'(\lambda(u))\,d\lambda(u)$ と書く.ラベルを使うとその特性関数は

$$\exp[d\lambda(u)(e^{izu} - 1)]$$

となる.

u が違えば $P'(\lambda(u))$ は独立になることに注意する.

ξ をテスト関数とすれば

$$\int u P'(\lambda(u))\xi(u)\,du$$

は (L^2) において積分可能になる.明らかに独立な要素の連続和であり,可積分である.

こうして次の結果を得る. $\xi \in E$ として,

$$E\left(\exp\left[i\int_{0+}^{\infty} u P'_\lambda(u)\xi(u)\,du\right]\right) = \exp\left[\int_{0+}^{\infty}(e^{iu\xi(u)} - 1)\,d\lambda(u)\right]. \tag{3.5}$$

この式の右辺を $C_s(\xi)$ と書く.この汎関数の構成法から容易に次のことがわかる.

定理 3.1 $C_s(\xi)$ は特性汎関数である.

したがって，$C_s(\xi)$ は $(E^*, \mathbf{B})$ 上の確率測度 ν を定義する．換言すれば，$uP'(\lambda(u))$ で表される確率超過程が存在して，ν についてほとんどすべての $x = x(u) \in E^*$ が $uP'(\lambda(u))$ の見本関数である.

次のことは容易にわかる.

E の元 ξ_i, $i = 1, 2$, が

$$\xi_1(u)\xi_2(u) = 0$$

ならば,

$$C_s(\xi_1 + \xi_2) = C_s(\xi_1)C_s(\xi_2)$$

となる.

定義 3.2 確率超過程は，その特性汎関数 $C(\xi)$ が上の条件を満たすとき**各点独立**であるという.

次の主張が成り立つ.

命題 3.2 $P'_\lambda(u)$ は各点独立超過程である.

これから，ホワイトノイズ $\dot{B}(t)$ の場合のように，空間パラメータ u を持つ加法過程（独立増分過程）$P_\lambda(u)$ が定義されて

$$\frac{d}{du}P_\lambda(u) = P'(\lambda(u)),$$
$$P_\lambda(0+) = 0$$

となる．ただし微分 $\frac{d}{du}$ はホワイトノイズ $\dot{B}(t)$ の場合と同じように，超過程の中で行う．また，$P'(\lambda((u))$ は，形式的な言い方で，ホワイトノイズと同様に，長さ ∞ のベクトルである．そのようなベクトルが，座標ベクトルとして，連続無限個存在する！

ガウス過程の場合と類似の方法で $P'(\lambda(u))$ を基にした確率積分が定義できる．複合ポアソン過程は，適当な $P'(\lambda(u))$ を選んで，積分区間を $(0+, \infty)$ として，その確率積分で表される．ガウス系の場合と異なり，標準表現の概念は重複度も考えて複雑になる．ここでは，本書の主題を外れるので，省略する.

3.3 ガウス系再考

前節で reduction のアイディアから，標準的なノイズとして限定できるものは，ガウス変数系と，強度をいろいろ変えて取り上げる（無限個の）ポアソン型変数の系に限ってよいことを示した．

その状況を知った上で，以下本書では，主としてガウス型のノイズを扱う．それには次のような理由がある．

(i) 中心極限定理が示すように，ガウス分布はあらゆる確率分布の中で王座を占める．極限定理に関連していえば，ガウス分布への吸引域が広いことも王座を保つ理由である．

(ii) ガウス分布の特性量，例えばモーメント，キミュラントなどの統計量について，その存在，量的な表現など，他の分布と比較して，基準的なものとなっている．

前節で示したように，分布の集合はタイプによって類別できる．自明な場合を除き，すべてのガウス分布はみな同じタイプであるが，これとは対照的に，ポアソン分布は強度が違えば違ったタイプである．したがって，ガウス分布は1種類であるが，ポアソン分布には連続無限個の違ったタイプの分布がある．

(iii) 最大の情報量（エントロピー）についてはすでに述べた．一面最大の妨害も与えかねないが．

(iv) ガウス変数の集合で，特にガウス系をなすものは，線形性を持つ．従属性に関して，著しい特性があり，その系の特徴づけや，そこにおける種々の演算を簡単にし，わかりやすくしている．これが，独立性と併せたとき，さらに強い線形性が現れる．

ガウス過程の表現が線形的な演算で済むこともこの線形性の反映である．

もう一つ，線形性と独立の最も単純なレヴィの補題がある．

補題 3.2 確率変数 X と Y について，X と独立な U と Y と独立な V とがあって，定数 a, b により

$$Y = aX + U,$$
$$X = bY + V$$

と表されるならば，次の三つの場合しかない．

(i) $\{X, Y\}$ はガウス系，

(ii) X と Y は独立，

(iii) X と Y の間に線形関係がある．

証明は関連する特性関数の間の関数方程式を解いて与えられる．

(v) ガウス系の上に定義される関数（汎関数）について，他の変数系のときと比べて，極めて明快な解析が実行できる．これは以下の章でホワイトノイズ解析として，詳しく論ずるところである．

(vi) ブラウン運動がパワーの制限の下で最大の不規則性 (irregularity) を持つこと．n 次元ブラウン運動の軌跡 (path) について，任意の時間区間における軌跡を含む最小の球面をとれば $n+1$ 個の点で接する．この性質が不規則性の著しい反映である．この事実はレヴィ[59]に述べられている．レヴィの定理，あるいはレヴィ予想というべきかもしれない．

(vii) ホワイトノイズ測度（確率分布）μ は無限次元空間における測度として，局所的にはルベーグ測度に相当するいくつかの重要な性質を持つ．その反面著しい非類似性がある．例えば，その台は極めて薄い（半径が $\sqrt{\infty}$ の）球面である．

(viii) μ は多くの基本的な特性を内蔵している：例えば定義されている空間 E^* の変換に対する不変性（第 6 章の無限次元回転群など），最適性，シンメトリー，双対性，等々．

(ix) シュタインのガウス分布の特徴づけ．

これもすでに 1.2 節で簡単に述べたが，それは単なる分布の決定ではなく，数理統計に新しい方向づけを示唆している点で極めて興味深い[91]．

Z の平均値は 0 とする．$f'(Z)$ が可積分であるような任意の f について

$$E(Zf(Z)) = \sigma^2 E(f'(Z))$$

3.3. ガウス系再考

であれば, Z は $N(0, \sigma^2)$ 変数である.

重要さの故に再考の中に加えて再述したが, アイディアを見るため計算を示そう. Z の分布の密度関数は 1.2 節の $g(x)$ で $m=0$ のときである. よって左辺は $\int x f(x) g(x)\, dx$ であるが, $g(x)$ の形から部分積分で $\sigma^2 \int f'(x) g(x)\, dx$ となり右辺に等しい. $g(x)$ の形に強く依存する.

他にも, 中心極限定理の仮定を弱めて, ガウス分布への収束の詳細などを導く. サンプルとしてのデータのとり方に自由性が増えた.

(x) 滑らかな密度関数を持ち分散有限な分布について. 大きさは任意の標本で, いつも標本の算術平均が母平均の最尤推定値になるならば, その分布はガウス分布である (Gauss, 1809) [19].

証明は次のようにして与えられる. 誤差の場合を念頭に置くので, 密度関数 $f(x)$ は滑らかな関数で, 常に $f(x) > 0$ と仮定する. 大きさ n の標本値を $x_j, 1 \leq j \leq n$, とする. 仮定から

$$\prod_j f(x_j - p)$$

は $p = \frac{1}{n} \sum x_j$ のとき極値をとる. よって $\varphi(x) = \frac{f'(x)}{f(x)}$ とおくとき

$$\sum_j \varphi(x_j - p) = 0.$$

特に $x_1 = x_2 = \cdots = x_{n-1} = x - nN$ とすれば

$$\varphi((n-1)N) = (1-n)\varphi(-N).$$

N を実数 x に代えて $\varphi(ax) = -a\varphi(-x)$ となる. ゆえに φ は奇関数で線形関数でなければならない. すなわち $\log f(x)$ が 2 次関数となる. f が分布の密度関数であることから, 2 次関数が制限を受けて, 結局 $f(x)$ はガウス分布の密度関数であることがわかる.

第II部

ホワイトノイズ解析詳論

ホワイトノイズ解析の大綱を述べる．

第4章 ホワイトノイズの導入

4.1 基礎事項

我々の着目する i.e.r.v. の系からなるノイズで，ガウス型のものは自然に存在し，また導入され，しかもそれが重要なことは，すでに見た通りである．また，記号 $\dot{B}(t)$ も用い，理想的な確率変数と理解されることも述べた．ここでは，それまでに至る背景をもとに，その厳密な定義を与えて，さらなる発展を指向する．

前に 2.3 節で述べたが，ホワイトノイズが現れた一つの理由は，ガウス過程の表現の研究からであった．

ここでは，i.e.r.v. のパラメータについて，離散から連続への passage としてこのノイズに至るプロセスをみる．

パラメータ空間が整数の集合 Z のとき，ガウス型のノイズは i.i.d. $\{Y(n), n \in Z\}$ で各 $Y(n)$ は標準ガウス分布 $N(0,1)$ に従う場合である．この分布の特性汎関数を考えよう．形式的には $\xi = (\xi(n), n \in Z)$ として

$$C_Y(\xi) = E\left(e^{i\sum \xi(n)Y(n)}\right) \tag{4.1}$$

で与えられる．この右辺は $\xi \in l^2$ であれば，指数に現れる級数の和の存在（概収束，平均収束）が保証され，結果として

$$C_Y(\xi) = \exp\left[-\frac{1}{2}\|\xi\|^2\right] \tag{4.2}$$

が得られる．ここで $\|\xi\|$ は ξ の l^2-ノルムである．

さらに，次のようなヒルベルト空間 e_1 を準備する．

$$e_1 = \left\{ \xi = (\xi(n), n \in Z); \|\xi\|_1^2 = \sum n^2 \xi(n)^2 < \infty \right\}.$$

$\|\xi\|_1$ はヒルベルト・ノルムになり，e_1 はこのノルムによってヒルベルト空間になる．明らかに $e_1 \subset l^2$ であり，単射 (injection)

$$e_1 \longmapsto l^2$$

はヒルベルト–シュミット型である．

以上の準備をした上で，ノイズの確率分布を考えよう．ヒルベルト空間 l^2 上の汎関数 $C_Y(\xi)$ は有限次元確率分布の特性関数の類似である．有限次元の場合は特性関数が確率分布を一意的に決めた．その類似はどうであろうか？とにかく $C_Y(\xi)$ は

(i) l^2 で定義され，そこで連続である，

(ii) $C_Y(0) = 1$，

(iii) 正の定符号関数である．すなわち，任意の n と任意の $\xi_j, 1 \leq j \leq n$，と複素数 $z_j, 1 \leq j \leq n$, に対して

$$\sum z_j \bar{z}_k C_Y(\xi - \xi_k) \geq 0.$$

汎関数 $C_Y(\xi)$ は無限次元空間の上で定義された関数であり，これら3条件を満たすもので，**特性汎関数**である．

すでに，空間 e_1 を準備したが，それに対して l^2-ノルムを規準ノルムとして e_1 上の連続な線形汎関数全体のなす空間 e_1^* が定義され，いわゆるゲルファントの三つ組

$$e_1 \subset l^2 \subset e_1^*$$

が得られる．e_1^* はヒルベルト空間になる．そのノルムを $\|\cdot\|_{-1}$ と書く．l^2 から e_1^* の中への恒等写像，すなわち単射はヒルベルト–シュミット型である．

以上のような，$C_Y(\xi)$ および e_1^* を得た状況において，次の定理が成り立つ．なお，以下で用いる完全加法族 **B** は e_1^* の筒集合全体から生成されるものとする．

定理 4.1 可測空間 $(e_1^*, \mathbf{B})$ 上に確率測度 μ_d が一意に存在して次式を満たす：

$$C_Y(\xi) = \int_{e_1^*} e^{i\langle x,\xi \rangle} \, d\mu(x). \tag{4.3}$$

証明は付録 A.2 で述べるボホナー–ミンロスの定理による．

定義 4.1 確率測度空間 $(e_1^*, \mathbf{B}, \mu_d)$ を**離散パラメータのホワイトノイズ**という．

測度 μ_d に関して，ほとんどすべての $x \in e_1^*$ は $Y(n)$ の見本数列（サンプル）と考えてよい．

さて，以上の議論と結果を連続パラメータの場合に及ぼしたい．1.2 節の (1) で扱ったガウス型のノイズは（$\dot{B}(t)$ と書いた．ホワイトノイズである）連続パラメータを持つ．そのパラメータ空間を R^1 としてよい．見本関数（サンプル）は超関数である．よって，離散パラメータの場合の $\langle x, \xi \rangle$ を x が超関数，ξ がテスト関数の双一次形式に代えることになる．

そこで，ボホナー–ミンロスの定理が適用できるようにするため，次のような設定をする．

基本とするヒルベルト空間は $L^2(R^1)$ である．その部分空間で，より強い位相（ヒルベルト・ノルム $\|\cdot\|_1$ による）を持った空間 E_1 で単射

$$E_1 \longmapsto L^2(R^1)$$

がヒルベルト–シュミット型であるような E_1 を選ぶ．具体的なわかり易い例は，例えば文献 [29] 付録 A.3 参照．

このとき，次のようなゲルファントの三つ組が得られる：

$$E_1 \subset L^2(R^1) \subset E_1^*.$$

離散パラメータの場合の類似を追うことになるが，離散パラメータの場合の特性関数の定義で，l^2 を $L^2(R^1)$ に代えて，あとそれに併せて特性汎関数を定義する．以上の準備のもとに次の主張が成り立つ．

定理 4.2 (1) $C(\xi) = \exp\left[-\frac{1}{2}\|\xi\|^2\right]$ は特性汎関数である．ただし $\xi \in E_1$. また $\|\cdot\|$ は $L^2(R^1)$ ノルムである．

(2) 可測空間 $(E_1^*, \mathbf{B})$ 上に確率測度 μ が存在して

$$C(\xi) = \int_{E_1^*} \exp[i\langle x, \xi\rangle] \, d\mu(x)$$

となる．ただし，$\mathbf{B}$ は E_1^* の筒集合全体から生成される完全加法族である．

証明 (1) について．$C(\xi)$ が $L^2(R^1)$ で連続なこと，また $C(0) = 1$ であることは明らか．$C(\xi)$ が正の定符号汎関数であることは，離散パラメータの場合の極限として証明される．

(2) も，またボホナー–ミンロスの定理による． □

定義 4.2 確率測度空間 $(E_1^*, \mathbf{B}, \mu)$ を**連続パラメータのホワイトノイズ**，あるいは単に**ホワイトノイズ**と呼ぶ．他のノイズと区別する必要があるときは**ガウス型ホワイトノイズ**ということがある．

ここで，やや一般的な理論を述べておく．連続パラメータの場合であるが，やはり $L^2(R^1)$ を基礎に置く．E は $L^2(R^1)$ で稠密な核型空間とし，その共役空間を E^* とすると，ゲルファントの三つ組は

$$E \subset L^2(R^1) \subset E^*$$

となる．E で定義された汎関数 $C(\xi)$ は

(i) E で連続,

(ii) $C(0) = 1$,

(iii) 正の程符号汎関数

であるとき，(一般の) 特性汎関数という．

定理 4.3 E 上の特性汎関数 $C(\xi)$ に対して，$(E^*, \mathbf{B})$ 上の確率測度 μ が一意に定まり

$$C(\mu) = \int_{E^*} e^{i\langle x, \xi\rangle} \, d\mu(x)$$

と表される．ここで $\mathbf{B}$ は E^* の筒集合から生成される完全加法族であり，$\langle x, \xi\rangle$ は $x \in E^*$ と $\xi \in E$ とを結ぶ双一次形式である．

これも，やはり一般的なボホナー–ミンロスの定理に負う．

ξ を固定して，$\langle x, \xi \rangle$ を $X(\xi, x)$ と書いてみよう．それは確率空間 $(E^*, \mathbf{B}, \mu)$ 上の確率変数である．時間 t の代わりに ξ が用いられている．これを**確率超過程**という．x は見本関数である．超関数の見本関数である．

参考 上の一般論に比べて，それまで核型空間ほど強い位相を取り上げず，E_1 にしてきたかという疑問があろう．ホワイトノイズの場合，定理の主張は確率測度 μ が E_1^* に導入され，その測度はラドン測度になる [95]．したがって，定義関数 $\chi_{[0,t]}$ を積分して確率過程 $X(t)$ が得られるが，明らかに，それは加法過程である．直観的な言い方をすれば，そこでは見本関数が，超関数の意味での微分 $\frac{d}{dt}X(t)$ として表現されると理解できる．すなわち，ブラウン運動 $B(t)$ と，ホワイトノイズ $\dot{B}(t)$ との関係である．このような，直観的観測を意識して，一般論との違いを認識することができる．

ホワイトノイズ $\dot{B}(t)$ の理解

ホワイトノイズにもどり再考する．標語的に言えば

(i) 分布は**ガウス型**である．

(ii) **各点独立**な超過程である．

(iii) atomic である．

(iv) $\dot{B}(t)$ は δ 関数のランダムな意味での**平方根**の一つである．これは，いくらか形式的ではあるが，そのように見ることは，直観的な認識として計算などに便利である．

これらを逐次説明する．その意味を正しく理解をした上で，以後の形式的，直観的な議論で陥りやすい誤りや誤解を排除しようとすることが目的の一つである．以下，確率空間は $(E_1^*, \mathbf{B}, \mu)$ を用いる．勿論それは抽象ルベーグ空間である．

(i) 主張を正確に述べる（ガウス系の定義は 2.3 節にある）．そのため E_1^* の筒集合に着目する．ξ を固定して x の 1 次形式 $\langle x, \xi \rangle$ とみる．それは確率空間 $(E_1^*, \mathbf{B}, \mu)$ 上の確率変数であるが，その特性関数は z を実数として $C(z\xi)$ に他ならない．すなわち $\exp[-\frac{1}{2}\|\xi\|^2 z^2]$ となり，それは平均値 0，分散 $\|\xi\|^2 z^2$ のガウス分布であることを示す．すなわち，$\langle x, \xi \rangle$ はガウス変数である．そ

のようなガウス変数の一次結合 $\sum_j a_j \langle x, \xi_j \rangle$ は $\langle x, \sum_j a_j \xi_j \rangle$ と書いてみれ
ばガウス変数である．こうして $\langle x, \xi \rangle$ として定義されるガウス変数の全体
$\mathbf{X} = \{\langle x, \xi \rangle; \xi \in E\}$ はガウス系をなすことが証明される．

ついでながら，以上の議論で，分散の計算にノルム $\|\cdot\|$ が用いられている
ことから，直ちに $\mathbf{X}$ の $(L^2) = L^2(E^*, \mu)$ における閉包もまたガウス系をな
すことがわかる．当然 $\bar{\mathbf{X}}$ は (L^2) の部分空間である．

こうして (i) の主張および関連事項を知ることができた．

なお，ガウス系には平均ベクトルと共分散行列が対応する．$\mathbf{X}$ の場合，平
均ベクトルは 0 ベクトル，共分散行列は $\Gamma(\xi, \eta) = E(\langle x, \xi \rangle \langle x, \eta \rangle) = (\xi, \eta)$
となる．ただし $(\cdot, \cdot)$ は $L^2(R^1)$ の内積である．

一般のガウス系の確率分布は平均ベクトルと共分散行列のみによって一意
に定まる．

(ii) ここで各点独立の復習をしておく．この概念は，3.2 節 3. ですでに説明
したが，そこではパラメータが空間変数のときであった．いまは時間のパラ
メータの場合であるが，同じように定義される．すなわち，特性汎関数 $C(\xi)$
が

$$\xi_1(u)\xi_2(u) \equiv 0 \quad \text{ならば} \quad C(\xi_1 + \xi_2) = C(\xi_1)C(\xi_2)$$

が成り立つとき，$C(\xi)$ の定める測度（あるいは確率超過程）は**各点独立**であ
るという．

ホワイトノイズの特性汎関数は明らかに上の定義の条件を満たす．すなわ
ち各点独立である．形式的には，$t \neq s$ のとき $\dot{B}(t)$ と $\dot{B}(s)$ とが独立である
ことを示している．その主張の説明をする．離散パラメータ（デジタル）の場
合の独立変数列の概念の連続パラメータ（アナログ）への拡張であるが，形
式的な言い方そのままでは不可である．より直観に合うクリアーな表現には
線形超汎関数の概念（次節）の導入を待たねばならない．

(iii) 各 $\dot{B}(t)$ が atomic である．

(iv) これも厳密には後の議論を待たなければならないが，共分散関数が，形
式的には

$$E(\dot{B}(t)\dot{B}(s)) = \delta(t - s)$$

と表されることにより，いくらか説明される．

系 $\{\langle x,\xi\rangle,\ \xi\in E\}$ をベクトル空間とみて $L^2(\mu)$ におけるその閉包を構成するとき $\langle x,f\rangle,\ f\in L^2(R^1)$ が定義できる．このような $\langle x,f\rangle$ の集合は明らかにベクトル空間である．実は，共分散を内積として，ヒルベルト空間になり，$L^2(\mu)$ の部分空間となる．これを H_1 と書く．

それはまたガウス系でもある．

対応
$$f \longleftrightarrow \langle f,\xi\rangle$$
により，同型対応
$$H_1 \cong L^2(R^1)$$
が得られる．

この考察の応用として，ブラウン運動が導かれることを示そう．

上の対応で $f=\chi_{[a,b]}$ とすれば，$\langle x,f\rangle$ は $N(0,b-a)$ に従う確率変数になる．ここで $\chi_{[a,b]}$ は区間 $[a,b]$ の定義関数である．

$B(t)=B(t,x),\ t\geq 0$, を
$$B(t)=\langle x,\chi_{[0,t]}\rangle$$
と定義しよう．

命題 4.1 $\{B(t),\ t\geq 0\}$ はブラウン運動である．

証明 ガウス系であることの他に
$$E(B(t))=0,\quad E(B(t)B(s))=\min\{t,s\}$$
による． □

4.2 $\dot{B}(t)$ に正当な地位を

ノイズの典型としての $\dot{B}(t)$ を形式的なものではなくて，数学的に確固とした地位を与えることから始める．

確率過程 $X(t)$ の場合でいえば，まず reduction の段階の作業として，有効な方法は innovation（新生過程）$Y(t)$ の構成を考えることである．それは，毎瞬間に $X(t)$ が獲得する新しい（したがってそれ以前とは独立な）情報を表していて，各点（時点で）独立なものである．ブラウン運動 $B(t)$ やポアソン過程 $P(t)$ の時間微分は innovation の代表的なものとなる．

ここで，注意することがある．よく知られていることの復習であるが，いま次のようなことを考えよう．主要な確率過程の場合では，innovation $Y(t)$ は加法過程の時間微分と考えられる．そこに現れる加法過程の典型は時間的に一様な増分を持つレヴィ過程である．それはレヴィ分解，あるいはレヴィ－伊藤分解により，一応，ブラウン運動と，それと独立で各種の跳びを持つ多くのポアソン型の確率過程（それらはすべて互いに独立）との総和であると理解されている．それらの要素は，それぞれ異なった強度を持ち，タイプは異なる．跳びはそのラベルとみる．また，各要素は，**素**なものである．こうして，問題のレヴィ過程は素な過程への分解ができたのである．

こうしてみると，我々は reduction の立場から，まずブラウン運動 $\dot{B}(t)$ をとればよいことになる．いろいろな強度を持つポアソン型の加法過程が次に続くことになろう．

このような立場から，我々は，前節で定義したホワイトノイズに到達し，出発し直すことになる．

我々は $\{\dot{B}(t), t \in \mathbf{R}^1\}$ を変数系として，その関数（実は汎関数と見るべきもの，一般には非線形）まで考えなければならない．そして，その解析的取扱いには，当然，形式的な計算だけでは不十分であり，時には，その安易な計算が不適当にさえなる．ランダムな変数や関数の扱いには概念や演算に厳密な定義を与えて，基本的な数学の常道に沿った計算を行い，所期の目的に到達しなければならない．

また時間の推移に従って変化する現象を時々刻々と記述するには，t を表に出して表現したい．すなわち，$\dot{B}(t)$ のみでなく，それが時間発展する系の表現に役立たせなければならない．そのため，まずそれに数学の世界での確固たる地位 (identity) を与えなければならない．

これまで，ホワイトノイズについて，二つの見方があった．

4.2. $\dot{B}(t)$ に正当な地位を

図 4.1 1968 年レヴィ訪問の折の写真（左）．レヴィから署名つきで頂いた写真（右）．

(1) 復習する．十分滑らかなテスト関数 ξ をとり，定義したい $\dot{B}(\xi)$ を部分積分を利用して，
$$\dot{B}(\xi) = -\int B(t)\xi'(t)\,dt$$
として正当化した．これは，ブラウン運動 $B(t)$ を定義する確率空間の上の確率変数となる．それは任意の $\xi \in E$ に対して定義され，ガウス分布 $N(0, \|\xi\|^2)$ に従う，きちんとした確率変数である．E を適当な空間，例えば，核型空間として，系 $\{\dot{B}(\xi), \xi \in E\}$ はガウス系をなすことがわかる．実際，この系は $L^2(\Omega, P)$ の部分ベクトル空間である．その $L^2(\Omega, P)$ における閉包を H_1 と書く．$\dot{B}(\xi)$ の分布からわかることであるが，ヒルベルト空間として，次の同型対応が証明できる．
$$H_1 \cong L^2(\mathbf{R}^1).$$
この事実はすでに示しているが，変数系の線形汎関数のクラスは厳密に定義された．

こうして，ホワイトノイズは $\dot{B}(t)\,dt$ とみて，$\mathbf{R}^1$ 上のランダムな測度とみ

る立場があった．

　測度と見たことから，小さな補足的注意がある．ガウス系もヒルベルト空間も，すべて実数の上で考えてきた．以下 $L^2(\mathrm{R}^1)$ は複素ヒルベルト空間とし，H_1 も複素化する．H_1 の要素はこうして（実）ガウス変数に係数として複素数を用いたものの集合で，それは複素ベクトル空間である．これと，複素ガウス変数とは区別しなければならない．[30] 第6章参照．

(2) ホワイトノイズはゲルファントの意味で確率**超過程**としてとらえられるものであるが，これを規定するのは，その特性汎関数である．それは $C(\xi) = E(\exp[i\dot{B}(\xi)]), \xi \in \mathcal{S}$，で，今の場合，

$$C(\xi) = \exp\left[-\frac{1}{2}\|\xi\|^2\right]$$

である．

　ボホナー–ミンロスの定理から，E^* 上の測度 μ が決まる．すなわち，ホワイトノイズの見本関数を，超関数とみて，核型空間 E 上の連続な線形汎関数とみるのである．

　このような (1), (2) の理解でも，我々の当初の目的にはまだまだ不十分で，やはり，肝心の $\dot{B}(t)$ 自身を直接明確にしなければならない．すなわち，前に述べたところの市民権をそれに与える必要がある．その方法を以下に述べる．

　いま $L^2(\mathrm{R})$ の部分空間で滑らかな関数 f からなり，微分演算 f' と積の演算 $tf(t)$ とがともに連続になるような空間 $K^{(1)}(\mathrm{R}^1)$ すなわち次数 1 の R^1 上のソボレフ空間をとる．その定義は [65] によれば，一般の $m \geq 0$ について

$$K^m(\mathrm{R}^n) = \left\{u;\ u \in \mathcal{S}',\ (1+|y|^2)^{m/2}\hat{u}(y) \in L^2 R^n\right\}$$

である．ここで $\mathcal{S}'$ はシュワルツ超関数空間，$\hat{u}$ は u のフーリエ変換である．

　$L^2(\mathrm{R}^1)$ に関するこの空間 $K^{(1)}(\mathrm{R}^1)$ の共役空間を $K^{(-1)}(\mathrm{R}^1)$ とする．このとき

$$K^{(1)}(\mathrm{R}^1) \subset L^2(\mathrm{R}^1) \subset K^{(-1)}(\mathrm{R}^1)$$

が成り立つ．上の包含関係は左から右へ連続な内部への恒等写像があると理解する．

　この関係は前述の同型対応 $H_1 \cong L^2(\mathrm{R}^1)$ を，それぞれ制限関係あるいは

4.2. $\dot{B}(t)$ に正当な地位を

共役関係を用いて,対応を拡大解釈して次の関係式

$$H_1^{(1)} \subset H_1 \subset H_1^{(-1)}$$

が得られる.ここで当然 $H_1^{(1)} \cong K^{(1)}(\mathrm{R}^1)$,および $H_1^{(-1)} \cong K^{(-1)}(\mathrm{R}^1)$ である.

空間 $K^{(-1)}(\mathrm{R}^1)$ は明らかに超関数 $\delta(\cdot - t)$ を含む.したがって $\dot{B}(t)$ は ξ の代わりに超関数 $\delta(\cdot - t)$ を対応させることにより $H_1^{(-1)}$ の元として確定する.

したがって $\dot{B}(t), t \in \mathrm{R}^1$, の 1 次汎関数はすべてこの空間 $H_1^{(-1)}$ におさまっている.

こうして $\dot{B}(t)$'s の **地位 (identity)** が認知された.それをよりどころとして量子情報論や量子確率への窓口が開けてきた.そしてホワイトノイズ解析と量子ダイナミックとの融合が進められるようになった.

一方,$H_1^{(-1)}$ はガウス系 H_1 の一般化である.したがって,$H_1^{(-1)}$ の中を動く一般化されたガウス過程が期待される.

$$X(t) \in H_1^{(-1)}, \quad t \in T$$

を考えることは自然である.そのような過程について我々が興味を持つのはその構造,特に H_1 を動く普通のガウス過程のときに調べたのと類似の方法でその構造を知ることである.すなわち **標準表現** を考えることである.それは,H_1 においてガウス過程を考えたときのときのように簡単にはできない.最大の難点は H_1 では独立と直交とが,平均値 0 の仮定のもとで,同等であったが,$H_1^{(-1)}$ ではそうはいかない.例えば $t \neq s$ の下で,$\dot{B}(t)$ と $\dot{B}(s)$ とは $H_1^{(-1)}$ では直交しない.実際,両者は独立と考えてよいにもかかわらず,である.

標準表現の定義は [24] では,条件付き平均値を用いた.そして,独立と直交とを巧みに利用した.それは $H_1^{(-1)}$ ではできないので,次のようにしたい.

$X(t)$ は $H_1^{(-1)}$ を動くとする.それには各 t について $K^{(-1)}(\mathrm{R}^1)$ に属する核関数 $F(t, \cdot)$ が対応して

$$X(t) = \langle \dot{B}, F(t, \cdot) \rangle \tag{4.4}$$

と表される.今の立場で,F の条件で標準表現を記述しよう.

条件「$K^{(1)}(\mathbf{R}^1)$ の元 ξ に対して $\langle F(t, \cdot), \xi \rangle$ が t の関数としてある区間で恒等的に 0 ならば，その区間で ξ が恒等的に 0 である．」を満たすとき，(4.4)は $X(t)$ の標準表現になっている．

ここで用いた方法は [24] における標準核の判定条件であった．したがって，H_1 の場合と多くの類似の主張が成り立つ．その有効さなども，ここでは割愛する．

これまで $L^2(\mathbf{R}^1)$ や H_1 その他のヒルベルト空間は実数を係数とするものを前提にしてきたが，勿論複素係数の場合にも僅かな注意を加えることによって，そのまま成り立つことが多い．したがって一々断らなかった．今後もそうする．しかし，変数 $\dot{B}(t),\ t \in \mathbf{R}^1$，を複素化するのとは本質的に違っている．これを用いる場合には，その都度注意する [30]．

4.3 2 次斉次超汎関数

変数の系が確定したので，次はその変数の一般の（当然非線形な）関数を決めることになる．大げさにいえば，解析学の常道から，最も基本的な非線形関数のクラスから始めることになる．そのようなものは多項式に他ならない．当初，例えば [29] では動機は鮮明であったが，具体的な結果というよりも，解析の方針を示したというべきであろう．

次節以後において，$\dot{B}(\xi),\ t \in \mathbf{R}^1$，の非線形汎関数の生成するヒルベルト空間を構成するが，本節では特にホワイトノイズ 2 次斉次超汎関数を扱い，その特別な性質をみることにする．2 次を特別扱いする理由はいろいろあるが，

(1) まず，非線形関数の扱いは 2 次から始まるといってよかろう．線形汎関数と非線形汎関数との大きな違いを，まず 2 次のもので見ておきたい．特に超汎関数のクラスの導入に対する試行に注意する．

(2) 有限次元から無限次元への移行は，通常の実変数関数の扱い方とは違って，我々がランダムな世界に住んでいるという特別な事情を強く実感させられる．2 次汎関数の場合はこのあたりの事情が理解されやすい．

(3) 2 次形式は，有限次元ベクトル空間において，特別な位置を占める．標準系の議論をはじめ，線形代数における 2 次形式の美しい理論は親しみやす

かった．無限次元の場合，すなわちホワイトノイズの場合でも，当然その明快さが期待できるが，それ以上に著しい結果があることを示すのが本節の狙いである．その美しい構造を，できるだけ，ランダムで無限次元の場合にまで移行させたい．一応は，2次関数固有の話になるが，一般の場合を示唆する内容もある．例えば調和解析などである．

(4) ホワイトノイズの2次汎関数は，R^2 上の対称な2変数関数で表現される．そのような関数は積分作用素として，古典解析での性質がよく知られている．それを利用できるのは幸運である．

(5) 2次汎関数が，ホワイトノイズ測度 μ の性質を記述するのに適している．これは，すぐ後で測度の側から議論する．

$\dot{B}(t), t \in R^1$，を変数とするといっても，まず，その見本関数 $x(t), x \in E^*$，が動く範囲，すなわちホワイトノイズ測度 μ を支える集合の構造とか，大きさなどを知ることが重要である．以下しばらく μ についての証明すべき事項を述べるというよりは，直観を交えた観察を行う．

(i) H_1 で見たように $\xi \in E$ に対して，$\langle x, \xi \rangle$ は x を変数とする (E^*, μ) 上の確率変数で，その分布は $N(0, \|\xi\|^2)$ である．$\{\xi_n\}$ を $L^2(R^1)$ の正規直交系とすれば，系 $\{\langle x, \xi_n \rangle, n \geq 1\}$ は i.i.d. である．何度も復習する事実であるが，大数の法則から

$$\lim_N \frac{1}{N} \sum \langle x, \xi_n \rangle^2 = 1$$

となる確率は1である．すなわち，μ について，ほとんどすべての x は半径 $\sqrt{\infty}$ の無限次元球面 $S^\infty(\sqrt{\infty})$ の上にある．この理想的球面は2次関数が決める．この球面に接する線形空間は定義し難い．

(ii) 上の無限次元球面を1次元方向，例えば，$\langle x, \xi_1 \rangle$ 方向に射影したとき，測度は $N(0, 1)$ である．この事実は，また初等的な計算からも示される．有限次元空間への射影はルベーグ測度ではないが，それと同等である．

以上の直観的な観察を参考にして，ホワイトノイズの2次汎関数の空間に移る．それをどのように定義したらよいかを考えよう．始めに，4.1節で得た線形関数の空間 H_1 と $L^2(R^1)$ との同型対応を2次の場合に拡張する．

実関数の場合の類似から，まず関数空間の対称なテンソル積をとる：
$$\widehat{L^2}(\mathrm{R}^2) = L^2(\mathrm{R}^1)\hat{\otimes}L^2(\mathrm{R}^1).$$
対応するホワイトノイズの汎関数の空間を H_2 とする．[30] 第 4 章より
$$H_2 \cong \sqrt{2}\,\widehat{L^2}(\mathrm{R}^2) \tag{4.5}$$
であった．また，4.2 節で定義した $\dot{B}(\xi)$ を取り上げよう．これを $X(\xi)$ と略記する．$\{\xi_n\}$ が $L^2(\mathrm{R}^1)$ の完全正規直交系であるとき，系 $\{X(\xi_n)\}$ は H_1 の基となる．またこの系の各々を変数とする n 次エルミート多項式の全体が空間 H_n を張ることも，同じく [30] で示した．今は $n=2$ の場合である．

この事実を基にして，線形超汎関数を構成したときの方法で，議論を 2 次の超汎関数の場合にまで拡張する．すなわち
$$H_2^{(-2)} \cong \sqrt{2}\,\widehat{K}^{(-3/2)}(\mathrm{R}^2). \tag{4.6}$$
ただし，右辺はソボレフ空間の記号で，一般に記号 $\widehat{K}^{-\frac{n+1}{2}}(\mathrm{R}^n)$ を用いるが，それは R^n 上の対称な $-\frac{n+1}{2}$ 次ソボレフ空間を表す．

こうして得られた空間 $H_2^{(-2)}$ がホワイトノイズの **2 次超汎関数空間**である．

ここで，実変数の作る関数のなす関数空間の中でも，今後の計算に重要な役割を果たすソボレフ空間を，一般の領域で定義をしておく．

R^n の開領域 Ω で定義された関数 $u(x), x \in \Omega,$ からなる空間
$$K^m(\Omega) = \{u;\ D^\alpha u \in L^2(\Omega), \text{ for any } \alpha, |\alpha| \leq m\}$$
が Ω 上の m 次ソボレフ空間である．

特に $\Omega = \mathrm{R}^n$ のときは前節で定義したものと同等である．対称な関数からなるソボレフ空間のときは ˆ をつけることにする．

$L^2(\mathrm{R}^n)$ を基礎にして考えて，$K^m(\mathrm{R}^n)$ の共役空間を $K^{-m}(\mathrm{R}^n)$ で表す．

註 m 次ソボレフ空間の記号は H^m を用いるのが普通であるが，我々は，すでに H を添数をつけて，ホワイトノイズ汎関数の種々の空間に用いており，混同を避けて，ソボレフ空間を表すのに文字 K を使うことにした．

当面は $n=2$ の場合である．超汎関数空間について，$n=1$ の場合との大きな違いは，$\dot{B}(t)$ の言葉でいえば，その 2 次形式（変数は連続無限個ある）

を $H_2^{(-2)}$ の要素にするためには，無限大を除く，「くりこみ」の操作を必要とすることである．その操作の詳細は次節で述べる．例えば $\dot{B}(t)^2$ は，このままでは通常の汎関数でもなければ，超汎関数でもない．これから $\frac{1}{dt}$（それは無限大と理解する）を除けば $H_2^{(-2)}$ の要素になる．

以前の話にもどって H_2 の要素 φ は伊藤の重複ウイナー積分によって

$$\iint F(u,v)\, dB(u)\, dB(v)$$

と表すことができた．$F(u,v)$ は対称な $L^2(\mathrm{R}^2)$ 関数であり

$$\|\varphi\| = \sqrt{2}\|F\|_2$$

となる．この式の左辺は (L^2)-ノルムで右辺の $\|F\|_2$ は F の $L^2(\mathrm{R}^2)$-ノルムである．この関係式を利用して，$\mathcal{H}_2$ と対称な $L^2(\mathrm{R}^2)$ 関数からなる空間 $\widehat{L^2}(\mathrm{R}^2)$ との同形対応を与えることができた．

いま，重複ウイナー積分の定義はしないが，それはウイナーの言うように ([102]) 斉次多項式である．我々のホワイトノイズの立場で表せば

$$\iint F(u,v) :\dot{B}(u)\dot{B}(v): du\, dv$$

と書きたいところである．$:\cdot:$ はくりこみを表す．

$\mathcal{H}_2^{(-2)}$ の場合には核関数 F が一般化されて $\widehat{K^{-3/2}}(\mathrm{R}^2)$ が対応することになる．このことは，一般の次数 n の場合にまとめて次節で論じるが，2次の場合にすでに表面的な修正ではない事情を観察しよう．

2重ウイナー積分では $dB(u)\, dB(v)$ の加重和と理解できるが，$u = v$ すなわち $(dB(u))^2$ は積分に加算されていない．$dB(u)$ を変数とみて，実変数のときの区分求積と比べてみれば $\sum a_{j,k} x_j x_k$ について $j \neq k$ の項のみの和をとることになる．実際調和な部分のみの和である．調和関数とはならない部分 $\sum a_{j,j} x_j^2$ は，ウイナー積分では除かれている．

この事実に加えて，ランダムな変数であるという視点を加えて，各微小なランダム要素の平均値や分散などを見て，積分の存在を評価したらどうなるであろうか？

$$dB(u)\, dB(v),\ u \neq v,\ \text{は平均値 } 0,\ \text{分散 } du\, dv,$$

一方

$(dB(u))^2$ は平均値 du,分散 $3(du)^2 - (du)^2 = 2(du)^2$.

数量的に見れば,積分を考えるとき,この二つの微小変数のクラスは分けて考えるべきであると気づく.2次の超汎関数を微小な確率変数の和（の極限）とみるとき,それら微小変数を二つのクラスに分けて,$(dB(u))^2$ の形の変数の和を適当に補正しながら積分に取り込もうというのである.上記の $L^2(\mathbf{R}^2)$ 関数 $F(u,v)$ を超関数にまで許容して,例えば $f(u)\delta(u-v)$ を採用して,除外された部分を救済する.そして,その有効な活躍の場を与えるのである.例えば

$$\int f(t)\left(\dot{B}(t)^2 - \frac{1}{dt}\right)dt = \int f(t):\dot{B}(t)^2: dt \tag{4.7}$$

は超 2 次汎関数として扱える.その有効な働きは後に述べる.

ここで注意したいことは,補正している量 $\frac{1}{dt}$ である.それは無限大と理解する.なお上の式を可積分にするためだけの補正なら,有限値で可積分関数（ランダムでない）をつけ加えても差し支えないが,同型対応 (4.6) が成立しない.

もう一つ簡単な観察をつけ加えたい.離散パラメータでの類似を見よう.独立確率変数列 $\{X_n\}$ は i.i.d. で分布は $N(0,1)$ とする.2 次形式 $Q = \sum a_{j,k} X_j X_k$（無限和）を二つに分けて

$$Q = Q_1 + Q_2, \tag{4.8}$$

$$Q_1 = \sum_{j \neq k} a_{j,k} X_j X_k, \tag{4.9}$$

$$Q_2 = \sum_j a_{j,j} X_j^2. \tag{4.10}$$

これらの和の収束状況をみる.独立変数の和だから,平均収束でも概収束でもよい.Q_1 を見るとき,各項は平均値 0 だから,各項の分散の和が収束すればよい.すなわち

$$\sum a_{j,k}^2 < \infty$$

が言えたらよい.

一方 Q_2 については,平均値の和の収束と分散の和の収束が望まれる.Q_1

と Q_2 とを同じ条件での収束にしたいので，Q_2 を補正しよう．各項の平均値を 0 にするため X_j^2 を $X_j^2 - 1$ に代えてみる：

$$Q_2' = \sum_j a_{j,j}(X_j^2 - 1).$$

この級数が収束するためには $\sum_j a_{j,j}^2$ が収束すればよい．これで Q_1 と同じ種類の収束条件になった．これは Q_2 が**擬似収束** (quasi-convergent) するということである．

これは後に詳しく述べる「くりこみ」の手法にもつながるものである．

上記のような補正があるにもかかわらず，L^2 空間への同型対応から，2 次形式であることを強調して，H_2 の元の確率論的な特性を例題によって観察しよう．

例 4.1 文献 [28] による．H_2 の元 φ に $F(u,v)$ が対応したとしよう．それを積分作用素とみれば，2 乗可積分性から，(対称な) ヒルベルト–シュミット作用素ということができる．それには固有値 λ_n と固有関数 η_n, $n = 1, 2, \ldots,$ が対応して，

$$F = \sum_{n=1}^{\infty} \lambda_n^{-1} \eta_n \times \eta_n$$

と展開される．

ここで $\sum \lambda_n^{-2} < \infty$ および $\{\eta_n\}$ は $L^2(\mathbf{R}^1)$ の正規直交系であり，λ_n は F の固有値，それには固有関数 η_n が対応する．すなわち

$$\lambda_n \int F(u,v) \eta_n(v)\, dv = \eta_n(u)$$

である．

したがって，元の φ は

$$\varphi(\dot{B}) = -\sum_n \lambda_n^{-1}(\langle \dot{B}, \eta_n \rangle^2 - 1)$$

と展開される．

ここで，系 $\langle \dot{B}, \eta_n \rangle$, $n = 1, 2, \ldots,$ はそれぞれが標準ガウス分布に従うこと，また $\{\eta_n\}$ の直交性から，この系が独立確率変数系であることがわかる．

これらの注意から，2 次汎関数 $\varphi(\dot{B})$ の特性関数 $\chi(z)$ は次のように計算で

きる：

$$\chi(z) = E\bigl(e^{iz\varphi(\dot{B})}\bigr)$$
$$= \prod_n \Bigl[(1+2iz\lambda_n^{-1})^{-1/2} e^{iz\lambda_n^{-1}}\Bigr].$$

もし F の修正 (modified) フレドホルム行列式 $\delta(\lambda) = \delta(\lambda; F)$ を用いるならば，

$$\chi(z) = \delta(-2iz; F)^{-1/2}$$

となる．これは Varberg の結果 (1966) の一般化に相当する [98]．

例 4.2 確率面積 $S(T)$．

$\mathbf{B}(t) = (B_1(t), B_2(t))$, $t \geq 0$, を 2 次元ブラウン運動とする．すなわち $B_1(t)$ と $B_2(t)$ は独立なブラウン運動である．滑らかな曲線の囲む面積の公式にならって曲線 $\{\mathbf{B}(t); 0 \leq t \leq T\}$ および原点と $\mathbf{B}(T)$ を結ぶ弦とで囲まれた面積 $S(T)$ は形式的には

$$\frac{1}{2}\int_0^T \left(B_1(t)\dot{B}_2(t) - B_2(t)\dot{B}_1(t)\right) dt$$

となる．ホワイトノイズの定義により，これは $H_2^{(-2)}$ の要素として確定する．しかし，以前は $B_i(t)$, $i=1,2$, は t について微分できないので，確率積分を用いて

$$\frac{1}{2}\int_0^T \left(B_1(t)\,dB_2(t) - B_2(t)\,dB_1(t)\right)$$

と理解していた．これを $S(T)$ と書く．実際積分の結果は H_2 の要素となり，これを**確率面積**と呼ぶ．レヴィは [55] VII 章，[57] などで，これを取り上げて，詳しく論じている．

2 次元ブラウン運動の代わりに，従来のブラウン運動 $B(t)$, $t \in \mathrm{R}^1$, から

$$B_1(t) = B(t),$$
$$B_2(t) = -B(-t), \quad t \geq 0$$
$$B_2(t) = B(-t)$$

4.3. 2次斉次超汎関数

として2次元ブラウン運動を構成して，$S(T)$ をこれまでの設定の中で扱うことにする．

ここで $T=1$ とおく．$S(1)$ は $\mathcal{H}_2$ に属するので，それは対称な $L^2(\mathrm{R}^2)$ 関数 $F(u,v)$ で表現される．その具体的な関数形は [30] 第4章で示したように，次のようになる．

$$F(u,v) = \begin{cases} -\dfrac{1}{4} & (uv \leq 0,\ u,v \leq T,\ -v < u) \\ \dfrac{1}{4} & (uv \leq 0,\ u,v \geq T,\ -v > u) \\ 0 & (その他) \end{cases}.$$

この $F(u,v)$ は対称 $F(u,v) = F(v,u)$ であるが，他に関係式

$$F(-u,-v) = -F(u,v) \tag{4.11}$$

を満たす（図 4.2 参照）．このような場合には次の命題が証明される．[30] 第4章 4.6 参照．

命題 4.2 F が上の (4.11) を満たせば

(i) λ が F の固有値ならば $-\lambda$ も固有値である．

(ii) F で表現される $\mathcal{H}_2$ の要素（φ と書く）の分布は 0 に関して対称である．その半不変係数 γ_n は，固有値を λ_n と書くとき，次式で与えられる．

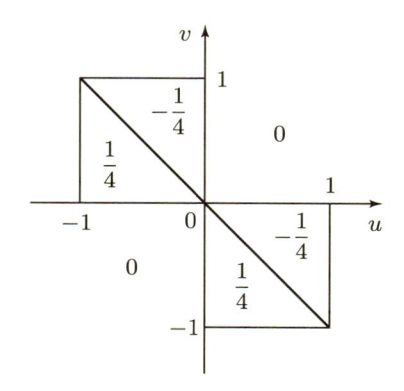

図 **4.2** 対称な $L^2(R^2)$ 関数 $F(u,v)$．

$$\gamma_{2p+1} = 0, \quad p \geq 0, \tag{4.12}$$

$$\gamma_{2p} = 2^{2p}(2p-1)! \sum_{\lambda_n > 0} \lambda_n^{-2p}, \quad p \geq 1. \tag{4.13}$$

(iii) φ の特性関数 $\chi(z)$ は

$$\chi(z) = \left[\prod_{\lambda_n > 0} (1 + 4z^2 \lambda_n^{-2})\right]^{-1/2}$$

である．それは，また

$$\chi(z) = \delta(2iz; F)^{-1/2}$$

と表される．

確率面積 $S(1)$ にもどり，それを表現する核関数 $F(u,v)$ について，上の命題で性質 (4.11) を持つことを確かめる．次に固有値を具体的に計算して，次の定理に至る．

定理 4.4 確率面積 $S(1)$ の特性関数 $\chi(z)$ および半不変係数 γ_n は次式で与えられる．B_p をベルヌーイ数として

$$\chi(z) = [\cosh(z/2)]^{-1},$$
$$\gamma_{2p+1} = 0, \quad p \geq 0,$$
$$\gamma_{2p} = (2^{2p} - 1)B_p/(4p), \quad p \geq 1.$$

証明 F の固有値は $2(2p-1)\pi, n = \ldots, -1, 0, 1, 2, \ldots$ ですべて重複度が 2 となる．これから前命題を用いて，直ちに定理が証明される． □

確率変数 $S(1)$ の確率分布は**マイクスナー (Meixner) 分布**として知られている．

レヴィはブラウン運動 $B_1(t)$ と $B_2(t)$ を，時間区間を $[0, 2\pi]$ に固定して，ペイリー–ウイナー (Paley–Wiener) によるランダム・フーリエ級数に展開して，$S(2\pi)$ を計算した．級数の収束に注意しながら，結果を独立な標準ガウス変数の 2 次形式に直して，特性関数を計算している．[57] 参照．これは大変巧妙な方法であるが，時間の進行による確率面積の変化，すなわち確率過

程としては，別に議論が必要になろう．なお，ランダム・フーリエ級数については，それ自身興味もある内容であって，[30] 第 2 章に若干の説明がある．

なお，マイクスナー分布が無限分解可能な分布であり，そのレヴィ測度が $(u\sinh u)^{-1} du$ であることを佐藤健一氏にご教示頂いた．[77] 15 節参照．

確率過程としての $S(t)$, $t \geq 0$, の性質を調べよう．任意の $t > 0$ に対して，恒に $E(S(t)) = 0$ であることを注意しておく．

(1) $S(t)$, $t \geq 0$, の共分散関数 $\Gamma(t, s)$ は

$$\Gamma(t, s) = 2\min(t^2, s^2)$$

である．

また $S(t)$ は自己相似である．詳しく言えば，任意の定数 $a > 0$ に対して $S(at)$, $t \geq 0$, と $\sqrt{a}S(t)$, $t \geq 0$, とは同じ過程である（同じ分布に従う）．

$S(t)$ ($t > 0$) を表現する積分核は，$S(1)$ を表現する $F(u, v)$（前出）を用いて $F(u/t, v/t)$ と表される．これは積分核の性質から容易に示される．

(2) $S(t)$ は直交増分過程である．すなわち，任意の $s < t$ に対して $S(t) - S(s)$ は系 $\{S(u), u \leq s\}$ と直交する．今の場合無相関増分になる．いわば，マイクスナー分布は多数の無限小 2 次関数の，時々刻々の直交する要素の類加の結果として得られる確率変数の分布とみなされる．滑らかな分布関数であることも理解されよう．

図 4.2 から明らかなように，任意の t と $h > 0$ に対して $S(t+h) - S(t)$ の表現の核関数は $S(t)$ の核関数と直交する．

ホワイトノイズの 2 次形式である確率過程の例を見たが，それが 2 次の超過程である場合も興味がある．その一般の場合は次節の準備を待つことにして，簡単で有意義なものを紹介しよう．

例 4.3 ブラウン運動のエネルギー．

$\dot{B}(t)^2$ から $\frac{1}{dt}$ だけのくりこみを行って得た超汎関数 $:\dot{B}(t)^2:$ は空間 $H_2^{(-2)}$ に属することは，すでに知った．その結果を dt についての積分してもまたその空間に属する．例えば

$$\frac{1}{2}m \int_0^1 :\dot{B}(u)^2: du$$

がそうである．$m > 0$ とすれば，これはブラウン運動する粒子の運動のエネルギーと理解できる．

これは前出の Q_2 において，係数を定数にしたときの連続パラメータへの一般化と見ることもできるが，本質的な違いは，この場合 $\dot{B}(t)^2$ にくりこみをしていることである．

なお，この式はホワイトノイズ解析の経路積分への応用において登場する．この一般化は次節で述べる．

4.4 一般の超汎関数空間

出発点は $\dot{B}(t), t \in \mathbf{R}^1$, を変数系とする一般の非線形汎関数の生成する複素ヒルベルト空間 (L^2) の構成と，その直和分解（ウイナー–伊藤分解）である：

$$(L^2) = \bigoplus_n H_n.$$

これを**フォック (Fock) 空間**という．この分解を基にして，各 H_n を拡張して，それらの和がすべての $\dot{B}(t), t \in \mathbf{R}$, の $n > 0$ 次エルミート多項式を含むようにしたい．空間 H_n は H_{n_j} を n_j 次エルミート多項式，$\{\xi_n\}$ を $L^2(R^1)$ の正規直交系として，$\prod_j \mathrm{H}_{n_j}(\langle \dot{B}, \xi_j \rangle / \sqrt{2})$, $\sum n_j = n$, で張られることを用いる．[30] 参照．

結果だけを言うと次のようになる．まず 4.3 節の同型対応 (4.5) の n 次の場合への拡張として

$$H_n \cong \sqrt{n!}\, \widehat{L^2}(\mathbf{R}^n) \tag{4.14}$$

を思い出そう．$\dot{B}(t), t \in \mathbf{R}$, の 1 次汎関数のときにテスト汎関数の空間 $H_1^{(1)}$ ($\subset H_1$) をとったのと同様に，n 次の場合は $\mathbf{R}^n$ 上の対称 $\frac{n+1}{2}$ 次ソボレフ空間 $\widehat{K}^{\frac{n+1}{2}}(\mathbf{R}^n)$ と同型（定数 $\sqrt{n!}$ を除いて等距離的）になるような H_n の部分空間（したがって適当な強い位相が導入された空間）$H_n^{(n)}$ をテスト汎関数の集合とする．

その，H_n を基礎としたときの，共役空間を $H_n^{(-n)}$ と書くが，それが $\dot{B}(t)$ の **n 次超汎関数の空間**である．それは，当然のことながら，対称 $\frac{-(n+1)}{2}$ 次ソボレフ空間 $\widehat{K}^{\frac{-(n+1)}{2}}(\mathbf{R}^n)$ と同型である．こうして

$$H_n^{(n)} \subset H_n \subset H_n^{(-n)}$$

が得られる.

註 H_n は連続無限個の変数 $\{\dot{B}(t),\ t \in \mathrm{R}^1\}$ の多項式と考えるのが一つの自然な見方である. $\sqrt{n!}\,\widehat{L^2}(\mathrm{R}^n)$ の元は n 次多項式の係数である.

定義 4.3 それら $H_n^{(-n)}$ の n についての加重和

$$(L^2)^- = \bigoplus c_n H_n^{(-n)}$$

が求める**ホワイトノイズ超汎関数** (generalized white noise functional) の空間である.

ここで c_n は正の単調非増加数列である. 扱う問題に応じて, 数列 c_n が適当に選択できるように, 自由性が残されている.

勿論, テスト汎関数空間 $(L^2)^+$ から始めて, ゲルファントの三つ組

$$(L^2)^+ \subset (L^2) \subset (L^2)^-$$

によって説明するのが論理的ステップであろう. 実際

$$(L^2)^+ = \bigoplus \frac{1}{c_n} H_n^{(n)}$$

である.

参考 ここで注意したいことがある. n 次テスト汎関数空間 $H_n^{(n)}$ を, 特に対称な $(n+1)/2$ 次ソボレフ空間 $\widehat{K}^{\frac{n+1}{2}}(\mathrm{R}^n)$ と同形なものに選んだ理由である. 実際, その次数の選択である.

理由は二つあって, 一つはこの次数の空間の要素はすべて連続関数であること. 二つ目はこの空間の関数を一つ低い次元の空間 R^{n-1} に制限したとき, やはりソボレフ空間の要素になるが, 次数は $\frac{1}{2}$ だけ減って $\frac{(n-1)+1}{2}$ すなわち $\frac{n}{2}$ 次の ($\mathrm{R}^{(n-1)}$ 上の) ソボレフ空間になることである. この事実は種々の計算に便利である. 例えば微分演算において,

$$\partial_t : H_n^{(n)} \longrightarrow H_{(n-1)}^{(n-1)}$$

などがある.

久保–竹中理論

他にも, ホワイトノイズ超汎関数の定義法がある. それは 1980 年に久保–竹中により導入された [46]. その方法は, 直感的に言えば, R^n 上のシュヴァ

ルツ超関数 $\mathcal{S}'$ の無限次元版を,さらにランダムにしたものであって,極めてエレガントな方法と言える.その方法によって定義されるホワイトノイズ超汎関数空間を $(\mathcal{S})^*$ と書く.

ただし,超関数の場合と違って,基礎の空間が無限次元であるための配慮と,基礎の測度がルベーグ測度ではなくて,ガウス測度であるために種々の配慮が必要である.以下それを説明しよう.

よく知られた 1 次元空間 R^1 上のシュヴァルツ-テスト空間 $\mathcal{S}$ から出発する:

$$\mathcal{S} \subset L^2(\mathrm{R}^1) \subset \mathcal{S}'.$$

空間 $\mathcal{S}$ の位相は次のようにして自然に導入される.$L^2(\mathrm{R}^1)$ に作用する微分作要素

$$A = -\frac{d^2}{dt^2} + u^2 + 1$$

をとる.$p \geq 1$ として,$L^2(\mathrm{R}^1)$ における A^p の定義域 $\mathcal{D}(A^p)$ を $\mathcal{S}_p$ と書き,その位相をヒルベルト-セミノルムの列 $\|\xi\|_k = \|A^k\xi\|$, $k = 1, 2, \ldots, p$, で定義する.

$$(\mathcal{S}) = \bigcap_{p \geq 1} \mathcal{S}_p$$

は可算ヒルベルト核型空間となり,これから,ゲルファントの三つ組

$$(\mathcal{S}) \subset (L^2) \subset (\mathcal{S})^*$$

が得られることがわかる.実際 $\mathcal{S}_p$ の中への単射

$$\mathcal{S}_{p+1} \longrightarrow \mathcal{S}_p$$

がヒルベルト–シュミット型であることに注意すればよい.

定義 4.4 空間 $(\mathcal{S})^*$ を久保–竹中の意味でのホワイトノイズ**超汎関数空間**と呼び,$(\mathcal{S})$ を**テスト汎関数空間**という.

定義から明らかに次の命題が成り立つ.

命題 4.3 テスト汎関数空間 $(\mathcal{S})$ は積演算による可換代数 (commutative algebra) をなす.

4.4. 一般の超汎関数空間

これは $(\mathcal{S})$ あるいは $(\mathcal{S})^*$ を採用するときの有利な条件になる.さらに好都合なことは,ポットホフ–シュトライト (Potthoff–Streit) の判定条件 (characterization) が存在することである.この主張を述べるためには,ホワイトノイズ汎関数の S-変換が必要となる.その変換は次節で述べるので,判定条件の紹介も次節送りとする.

基礎の空間が,やはり (L^2) で,そのときのゲルファントの三つ組は

$$(\mathcal{S}) \subset (L^2) \subset (\mathcal{S})^*$$

となる.

$(L^2)^-$ と $(\mathcal{S})^*$ の 2 種類のホワイトノイズ超汎関数の定義は,共通部分が大部分であるが,いくらか違った部分もある.両者それぞれの特性を持ち,どちらも所を得て,有効に用いられている.例えば,$(L^2)^-$ の場合はヒルベルト空間の構造が遺伝しているが,$(\mathcal{S})$ は積演算に関して可換代数になっていて,それぞれ好都合な特徴がある.また $(\mathcal{S})^*$ の元に対するポットホフ–シュトライトの特徴づけがある.これは 5.1 節で述べる.

次は第一の方法の変形ともいうべきであるが,第三の方法を紹介しよう.この方法自身も,ホワイトノイズの特性を反映していて,それ自身重要な意味を持ち,また興味深い方法でもある.「くりこみ」の理論と併せて議論することになる.

前にもこの趣旨は述べたが,扱う関数の変数系 $\{\dot{B}(t)\}$ を指定した以上は,その基本的な関数,すなわち多項式から扱い始めるのは当然である.

1 次式は問題ないが,次に最も簡単な単項式 $\dot{B}(t)^2$ を見よう.これは 2 次関数であるが,前述のように形式的な意味しか持たない.勿論フォック空間における $\mathcal{H}_2$ には属さない.そこで伊藤の公式を思い出そう:

$$(dB(t))^2 = dt.$$

両辺の差は高位の無限小であるが,それは偶然量である.もし,その無限小を拡大したら偶然量が取り出せるだろうと期待される.$(dB(t))^2 - dt$ を $(dt)^2$ で割って拡大すると,形式的には,その差は

$$(\dot{B}(t))^2 - (1/dt)$$

となる．$\dot{B}(t)$ を $\frac{\Delta B}{\Delta}$ として近似してみると，それは $|\Delta| \to 0$ のとき，空間 $\mathcal{H}_2^{(-2)}$ において極限値を持つことがわかる．勿論極限値は 0 ではない．

これを一般化し，また前節の疑似収束を参考にして新たな超汎関数を得る方法が知られている．

ここで，前節の 2 次汎関数について述べたことの補足をしよう．H_2 の元は Q_1 の一般化として自然に登場する．その $\widehat{L^2}(\mathbf{R}^2)$ の関数による表現も周知である．このような汎関数は**正規 2 次汎関数** (regular quadratic functional) と呼ぶ．

ところが $\dot{B}(u)^2$ が現れる場合の一般形は，前節の Q_2' の極限と見られる

$$\int f(u) : \dot{B}(u)^2 : du$$

である．ただし，$f(u)$ は，例えば $f(\frac{u+v}{2})\delta(u-v)$ とみて，$\widehat{K}^{(-3/2)}(\mathbf{R}^2)$ の元とみなす．このように表される $H_2^{(-2)}$ の元は**正則 2 次汎関数** (normal quadratic functional) と呼ばれる．

以上 2 種類の 2 次汎関数は，有限次元のときの類似で，いずれもレヴィ・ラプラシアン (Lévy Laplacian)（後述）の定義域に属し，解析的に重要なクラスを占める．因みに前者は調和汎関数である．

反例 次の汎関数

$$\iint_{0 \leq u \neq v \leq 1} \delta(u+v-1)\dot{B}(u)\dot{B}(v) \, du \, dv$$

は $H_2^{(-2)}$ の元であるが，正規でも正則でもない．

さらに詳しい解析を議論するためには，次節の S-変換を利用する．

補足 本章でホワイトノイズの超汎関数を導入した．$(L^2)^-$ でも $(S)^*$ でもよい．我々は勿論これらが重要であり，伝統的な空間 (L^2) の足りない所を補っているし，最も重要なことは，確率解析を行う上で，我々の提唱する拡張された空間は，必要かつ妥当なものであると信じている．さらに応用面を見ても，これは明らかである．

我々の空間が大きすぎるという批判があるが，大きさは解析の対象や目的によるのであって，反論には及ばないことである．それぞれ，所を得ればよい．それ以上に主張したいことがある．それは，また stochasticity の立場から

である．この思想のもとに，i.e.r.v. となる変数を決めて，偶然現象を扱う立場から議論を進めてきた．結果は課題となった偶然現象の，多分，一側面に過ぎないであろう．さらに，そこで発見されるであろう特性，不変量など，また新課題が考えられる．新しいノイズ，解明されるべき関数のクラスなど発見するに違いない．依然として謙虚な立場に立たされているという自覚を新たにするのである．

第5章 ホワイトノイズ解析

5.1 S-変換, T-変換, U-汎関数, フーリエ–ウイナー変換

ホワイトノイズ超汎関数空間の上に定義される種々の変換を考える. 始めは (L^2) 上で定義される変換であるが, 後に超汎関数空間上にまで拡張する.

定義 5.1 $\varphi(x)$ を (L^2)-汎関数で, $\xi \in E$ とする.

$$C(\xi) \int_{E^*} \exp[\langle x, \xi \rangle] \varphi(x) \, d\mu(x) \tag{5.1}$$

を φ の S-変換と呼び, $(S\varphi)(\xi), \xi \in E$, と書く.

これが定義できることは指数関数 $\exp[\langle x, \xi \rangle]$ が (L^2) に属することから明らかである.

この S-変換はホワイトノイズ解析において, 基本的な役割を演ずる. 式の形から, 通常の解析学におけるラプラス変換の無限次元への一般化のように見えるかもしれないが, 実際はそのようにはならない. その値域は x の関数ではなくて, テスト関数 ξ の汎関数である. S-変換は, よく見られるヒルベルト空間の線形変換とは違って, (空間 (L^2) の同形変換ではなくて,) ξ の汎関数の作る空間への線形写像である.

S-変換は, また次のようにも表すことができる.

$$(S\varphi)(\xi) = \int \varphi(x + \xi) \, d\mu(x). \tag{5.2}$$

これは測度 μ の空間変数の推移による変化を利用した結果である. E^* の元 x を ξ だけ移動したとき, μ はルベーグ測度ではないので, 別な測度に移る.

移動した量 ξ が $L^2(\mathrm{R}^1)$ の元であれば，新しい測度はもとの μ と同等で，ラドン–ニコディム微分が $C(\xi)e^{\langle x,\xi\rangle}$ となる：

$$\frac{d\mu(x-\xi)}{d\mu(x)} = C(\xi)e^{\langle x,\xi\rangle}.$$

これを用いて $d\mu(x)$ による積分で表せば S-変換の公式と一致する．

次に S-変換の値域となる空間を明らかにしよう．

S-変換の定義域は当面 (L^2) とする．(後に拡張するが．) その値域を $\mathcal{F}$ と書く．明らかにそれは（複素）ベクトル空間である．さらに，指数関数 $\exp[i\langle x,\xi\rangle]$ で，ξ が E を動いて張るベクトル空間は，全空間 (L^2) で稠密な集合を生成することから S は

$$(L^2) \longleftrightarrow \mathcal{F}$$

の全単射を与えていることがわかる．$\mathcal{F}$ に適当な位相を入れて，上の全単射を位相空間としての同形写像にしたい．そのとき，ホワイトノイズの特性汎関数 $C(\xi)$ が基本的な役割を演ずる．

明らかに，汎関数 $C(\xi)$ は正の定符号汎関数である．したがって $C(\xi-\eta)$, $\xi,\eta\in E$, を再生核とする再生核ヒルベルト空間が存在する（付録 A.3）．これも $\mathcal{F}$ と書くが混乱はなかろう．

定理 5.1 S-変換は次の同形対応を与える：

$$(L^2) \cong \mathcal{F}. \tag{5.3}$$

証明 指数関数 $e^{i\langle x,\xi\rangle}$ に再生核ヒルベルト空間 $\mathcal{F}$ の要素 $C(\cdot-\xi)$ を対応させる：

$$e^{i\langle x,\xi\rangle} \longleftrightarrow C(\cdot-\xi).$$

このとき $e^{i\langle x,\xi\rangle}$ と $e^{i\langle x,\eta\rangle}$ との (L^2) における内積は $C(\xi-\eta)$ である．一方 $C(\cdot-\xi)$ と $C(\cdot-\eta)$ との $\mathcal{F}$ における内積は，再生核の定義から $C(\xi-\eta)$ であり，対応するものと一致する．一方，指数関数の一次結合，他方は対応する再生核の一次結合を見るとノルムは一致する．それぞれの空間の定義から，稠密な部分空間で S が等距離変換になっているので，その変換は，それぞれの空間全体の等距離変換に拡張できる．こうして定理が証明できる．□

5.1. S-変換, T-変換, U-汎関数, フーリエ–ウイナー変換

S-変換が定義できたので, それを用いて示される $(S)^*$-汎関数の判定条件を述べる.

定理 5.2 (ポットホフ–シュトライト) $U(\xi)$ がある $(\mathcal{S})^*$ 汎関数の S-変換であるための必要十分条件は次の二つが成り立つことである.

(i) 任意の $\mathcal{S}$ の元 ξ_1, ξ_2 に対して $U(\lambda \xi_1 + \xi_2)$ は λ の整関数に拡張できる.

(ii) 正数 C_1, C_2 と $p \geq 1$ が存在して, 任意の複素数 z に対して

$$|U(z\xi)| \leq C_1 \exp\bigl[C_2 |z|^2 \|A^p \xi\|_2^2\bigr]$$

が成り立つ. A は 4.4 節で与えた.

後にみるように, この判定条件は事実の主張だけでなく, 多くの応用がある. 例えば, 汎関数変分方程式の解など, 種々の計算の末, ある ξ の汎関数が得られたとき, 果して, それがある超汎関数の S-変換であるかどうかを区別できるようになった.

ホワイトノイズ解析の初期の段階では (L^2) における (無限次元) フーリエ変換として, 実は測度がルベーグでないので形式的な類似であるが, T-変換を導入した. 勿論期待通りにはいかなかったが, 以下に述べるように別な効用を見出すことができた.

任意の (L^2)-汎関数 $\varphi(x)$ に対して

$$(T\varphi)(\xi) = \int e^{i\langle x, \xi \rangle} \varphi(x) \, d\mu(x) \tag{5.4}$$

とおく. これは常に定義されて E 上の汎関数を定義する.

定義 5.2 上の (5.4) で与えられる ξ の汎関数 $(T\varphi)(\xi)$ を φ の T-変換という.

この変換も S-変換同様に (L^2) の変換を与え, 次のような性質がある.

もし $\varphi \in H_n$ ならば

$$(T\varphi)(\xi) = i^n C(\xi) U(\xi)$$

と表すことができる. 一意的に定まるこの $U(\xi)$ を U-汎関数と呼ぶが, これは計算のためにホワイトノイズ解析で有効に用いられた. 特に, φ が実数値

なら，U もそうである．また φ が H_n の要素なら $U(\xi)$ は ξ の斉次 n 次式になる．

この U が実は S-変換に他ならない．

この S-変換は，久保–竹中によって直接に導入され (1980)，以後この便利な S-変換を多く用いるようになった．しかし T-変換もまた活躍の場があって，ここに紹介した．

この二つの変換を結ぶ式がある．$\xi \in E$ のとき

$$(S\varphi)(\xi) = C(\xi)(T\varphi)(-i\xi)$$

が成り立つ．証明は直接計算によるが，φ が複素化された変数も受け入れることを仮定した上での話である．

ここで，補足をしたい．二つの変換 S, T は x（それは，$\dot{B}(t)$ の見本関数で，ほとんどすべてが超関数である）の関数を ξ（テスト関数で十分滑らか）の関数に移している．当然扱い易く，また見やすくなっている．S-変換の値域が再生核空間になったため，位相の表現が変わり，(L^2) での弱収束は再生核ヒルベルト空間 $\mathbf{F}$ では，再生核との内積を見ることによって，各点収束になっているので，これも見易い記述になる．後に見るように微分作用素も，ランダムな変数による微分は直接には考え難いが，S 変換をして微分の趣旨に合った定義を与えることができる．

特に，S-変換，T-変換とも (L^2) の自己同型とは違うことに重ねて注意したい．

以上の変換とは幾分違った趣の変換を導入しよう．それは (L^2) の同型変換である．実は，ユニタリ変換になるフーリエ–ウイナー変換について述べる．$L^2(\mathbf{R}^n)$ におけるフーリエ変換のホワイトノイズ版を定義したいのであるが，基本となる測度がルベーグ測度ではなくて，ガウス測度であること，次元が無限次元であることなど，ホワイトノイズ解析への移行には考慮すべきことが多い．

歴史を遡れば，1945 年から始まったキャメロン–マーティン (Cameron–Martin) の研究にもどる（[8] 参照）．ここでは，経過を省略し，アイディアを借用して，結果を我々の設定の中で論じよう．

理想的には (L^2) のユニタリ変換で，微分と積の演算とが入れ替わる（符号

5.1. S-変換, T-変換, U-汎関数, フーリエ–ウイナー変換

を無視して) ような変換がほしい. それを測度空間 (E^*, μ) の上で実現したい. まず, 基本的な公式として, 複素 $L^2(\mathbf{R}^1)$ におけるフーリエ変換の公式でエルミート多項式とガウス核との積はフーリエ変換で不変である (定数を無視して) ことに注意しよう. 付録 A.5 参照.

この関係を, ホワイトノイズの場合に移行する. エルミート多項式の母関数を用いて有限次元の場合のエルミート多項式のフーリエ変換の類似を扱うと, 次への移行が自然に浮んでくる. 1 次元なら

$$e^{2tx-t^2}$$

である. 他方, ホワイトノイズなら

$$e^{\langle x, \xi \rangle - \frac{1}{2}\|\xi\|^2}$$

となる. 計算結果を見通して, 変数 x の代わりに $\sqrt{2}x + iy$ とおき, $d\mu$ で積分しよう.

$$\int e^{\langle \sqrt{2}x+iy, \xi \rangle - \frac{1}{2}\|\xi\|^2} \, d\mu(x) = e^{i\langle y, \xi \rangle + \frac{1}{2}\|\xi\|^2}.$$

この関係式に示唆されて, (L^2) の変換 $\mathbf{F}$ を次のように定義する:

$\varphi \in (L^2)$ に対して $\varphi(\sqrt{2}x + iy)$ が x および y の汎関数として確定し, x について μ-可積分であるとき

$$(\mathbf{F}\varphi)(y) = \int \varphi(\sqrt{2}x + iy) \, d\mu(x) \tag{5.5}$$

とする.

上の例に挙げたエルミート多項式の母関数, したがって指数関数に対しては積分が存在し, 変換 $\mathbf{F}$ が定義される. これは積分による定義だから, 指数関数の張る (複素) ベクトル空間には線形的に拡張される.

一方, 簡単な計算で $\mathbf{F}$ は (L^2)-ノルムを変えないことが証明できる. よって

定理 5.3 変換 $\mathbf{F}$ は (L^2) に作用するユニタリ作用素に拡張できる.

証明 変換 $\mathbf{F}$ が全単射であることのみが残されている課題であるが, 生成元である指数関数は同じ形の関数に写像されるので, 明らかである. □

これで, $\mathbf{F}$ は一見技巧的とも見える変換であるが, それがごく自然なものであることが示された.

定義 5.3 変換 $\mathbf{F}$ を**フーリエ–ウイナー変換**という.

次にフーリエ–ウイナー変換 $\mathbf{F}$ と T-および S-変換との関係をみるが,その前に注意したいことがある.

フーリエ–ウイナー変換は被積分関数の変数 x を $\sqrt{2}x + iy$ と移動することは S-変換の場合に (5.2) で $x+\xi$ としたのと同様である.そこで S-変換の場合と同様に,積分変数の推移により,今度は指数関数 $e^{i\langle x,y\rangle}$ が変化を受けて,$L^2(\mathbf{R}^1)$ におけるフーリエ変換と類似の式になるだろうと期待される.これについては注意すべきことが多いが,しかし式の変形では次の関係式を示すことができる.

$$S(\mathbf{F}(\varphi))(\xi) = (S\varphi)(-i\xi)e^{-\|\xi\|^2/2}$$
$$= (T\varphi)(-\xi).$$

これらを見ると,次の命題が容易に証明できる.

命題 5.1 フーリエ–ウイナー変換の定義域を超汎関数空間 $(S)^*$ にまで拡張できて,それが $(S)^*$ をそれ自身に移す同型対応となる.

なお,微分と積演算とが,その変換を通して入れ替わることについて期待通りの事実が成り立つが,それは次節で,微分演算を定義した後に扱う.

有限次元の場合はフーリエ変換の分数ベキとしてフーリエ–メーラー変換があった.これをホワイトノイズによる調和解析に利用した([30] 第 7 章参照).

この事実を無限次元に格上げして,フーリエ–ウイナー変換 $\mathbf{F}$ の分数ベキとしてホワイトノイズ超汎関数のフーリエ–メーラー変換も考えられる.実際,ホワイトノイズ汎関数空間の許容する 1-パラメータ変換群として,また調和解析の立場から,その重要さの認識も深まっている([50], [31] 9.H および [32] 参照).

そこで,ポットホフ–シュトライトの判定条件を利用してフーリエ–ウイナー変換を我々が最も重視するホワイトノイズ超汎関数にまで拡張しよう.

記号を簡単にするため $\mathbf{F}(\varphi)$ を $\hat{\varphi}$ と記す.上に述べたように,

$$(S\hat{\varphi}(\xi) = (S\varphi)(-i\xi)e^{-\|\xi\|^2/2}$$

である．右辺は，ポットホフ–シュトライトの判定条件から，$(S)^*$ の要素の S-変換であることが容易にわかる．すなわち，$\mathbf{F}$ は $(S)^*$ にまで拡張できたのである．実際，上式の右辺に S^{-1} を施したものがフーリエ–ウイナー変換である．

この方法を $\mathbf{F}$ の任意ベキの定義に応用する．汎関数 φ に対して

$$S(\varphi)(e^{i\theta}\xi)\exp\bigl[ie^{i\theta}(\sin\theta)\|\xi\|^2/2\bigr] \tag{5.6}$$

を対応させる．やはり，判定条件から，これはある $(S)^*$ の元の S-変換であることがわかる．その対応する $(S)^*$ の元を $\mathbf{F}_\theta \varphi$ と書く．

明らかに $\mathbf{F}_\theta \varphi$ は $(S)^*$ 上の線形作用素である．自明なことは

$$\mathbf{F}_0 = I$$

および

$$\mathbf{F}_{\pi/2} = \mathbf{F}$$

が成り立つことである．さらに次の定理が容易に証明できる．

定理 5.4 任意の θ_1, θ_2 に対して

$$\mathbf{F}_{\theta_1}\mathbf{F}_{\theta_2} = \mathbf{F}_{\theta_1+\theta_2} \tag{5.7}$$

である．θ の和は $\mathrm{mod}\, 2\pi$ で考える．

これらの性質から，有限次元の場合のフーリエ–メーラー変換と比較して，次の定義が妥当であることが納得できよう．

定義 5.4 $(S)^*$ に作用する変換 $\mathbf{F}_\theta$, $\theta \in \mathrm{R}^1$ をホワイトノイズ解析における**フーリエ–メーラー変換**という．

確率微分方程式

ポットホフ–シュトライトによる超汎関数の特徴づけの応用をもう一つ挙げよう．

2.3 節でランジュバン方程式の一般化で二つの方向を例示したが，ここで確率微分方程式へのアプローチとして，いくらか説明を加えたい．[30] で扱っ

た方程式を S-変換で巧妙に処理できる久保泉氏のコメントがあることを 2.3 節で述べたが，今はそれを次のように説明できる．

例 5.1 確率微分方程式

$$dX(t) = aX(t)\,dt + (bX(t) + b')\,dB(t)$$

がある．これを

$$\frac{d}{dt}X(t) = aX(t) + \partial_t^*(bX(t) + b') \tag{5.8}$$

と書いて $\mathcal{H}_1^{-1}$ における微分方程式にする．右辺第 2 項を $(bX(t) + b')\dot{B}(t)$ としなかったのは，$X(t)$ に対する条件 $\mathbf{B}_t(B)$-可測を要求しなくてもよいようなときにも通用するようにしたかったからである．

S-変換により，$(SX(t))(\xi) = U(\xi, t)$ とおいて，確率微分方程式は常微分方程式

$$\frac{d}{dt}U(\xi, t) = aU(t, \xi) + (bU(t, \xi) + b')\xi(t)$$

になる．U に関するこの線形微分方程式は初等的に解けて，初期条件 $U(\xi, 0) = 0$ の下で

$$U(t, \xi) = e^{\int_0^t (a + b\xi(s))\,ds} \left[C - \int_0^t b'\xi(u) e^{\int_0^u (a + b\xi(s))\,ds}\,du \right]$$

として一意的な解 $U(\xi, t)$ を得る．ここでポットホフ–シュトライトの判定条件と比較してみて，上の $U(\xi, t)$ はある超汎関数 $\varphi_t(x)$ の S-変換であることがわかる：$\varphi_t(x) = (S^{-1}U)(x)$．この $\varphi_t(x)$ が元の確率微分方程式の解 $X(t)$ に他ならない．

例 5.2 この確率微分方程式を少し変形して，innovation に相当する量を :$\dot{B}(t)^2$: に代えたらどうであろうか？

方程式は上の例 (5.8) とほとんど同じであるが，(5.8) の右辺第 2 項は，$\dot{B}(t)^2$ との積という趣旨を活かして，正しく $(\partial_t^*)^2$ としよう．S-変換をして，解を求めれば，簡単に

$$e^{\int_0^t (a + b\xi(s))\,ds} \left[C - \int_0^t b'\xi(u)^2 e^{\int_0^u (a + b\xi(s))\,ds}\,du \right]$$

5.1. S-変換, T-変換, U-汎関数, フーリエ–ウイナー変換

となる. 判定条件は満たされているので, やはり解の存在は主張できる.

第三の超汎関数の導入法を説明する前に一つの事実を説明する. それはホワイトノイズ解析における「くりこみ」の統一理論である. それ自身のトピックであるばかりでなく, 超汎関数の別な一つの理解にもつながるのである.

変数系が $\{\dot{B}(t), t \in \mathbf{R}^1\}$ と与えられているので, 真っ先に $\dot{B}(t)$ の多項式を取り上げるのは当然である. しかし上の例でみるように, 2 次あるいはそれ以上の多項式はホワイトノイズの通常の汎関数どころか, 超汎関数にもならないのである. これが, 実変数関数の解析とは大いに異なるところである. さらに驚くことには, 離散パラメータホワイトノイズの場合とも違うのである.

それにもかかわらず, $\dot{B}(t)$ の多項式を, 修正してでも超汎関数にしたい. もとの多項式の性質を保ちながら修正することにして, 我々が扱える関数, すなわち $(L^2)^-$ または $(S)^*$ の要素にすることを考えよう. 結果から言えば, 物理でいうように, 無限大をくりこみによって消すのである. その無限大は量的に確定できるものである.

後に述べるくりこみのアイディアは以下の具体的方法で, その趣旨が説明されよう. その方法は, 実は以下に挿記する可換環の話としてみると考えやすい.

挿記 可換環 $\mathcal{A}$.

複素線形空間 $\mathcal{A}$ は, 変数系 $\dot{B}(t), t \in \mathbf{R}^1$, の複素係数の多項式から生成されるものとする. ただし, ここでは $\dot{B}(t)$ などの積は代数的に扱う.

命題 5.2 $\mathcal{A}$ は次数つき多元環をなす. すなわち

$$\mathcal{A} = \sum \mathcal{A}_n$$

で, $\mathcal{A}_n$ は $\dot{B}(t), t \in \mathbf{R}^1$, の n 次斉多項式とする.

$$\mathcal{A}_n \cdot \mathcal{A}_m \subset \mathcal{A}_{n+m}.$$

ここでいう次数は斉次多項式の次数である.

次のような立場をとる.

空間 $(L^2)^-$ にもどり, $\mathcal{A}$ の元を修正して, すなわちくりこみによって, 空間 $(L^2)^-$ に取り込むことを考える. くりこまれた結果は超汎関数になるとす

れば,テスト汎関数空間の上の連続な線形汎関数として認められるようにしなければならない.テスト汎関数として,特に,その生成元である指数関数との内積がうまく定義され,かつ,それについて連続になることが必要である.指数関数との内積はすなわち S-変換に他ならない.それは次のように書き変えられる:

変数 $\dot{B} = (\dot{B}(t), t \in \mathbf{R}^1)$ を用いて $\mathcal{A}$ の元を $\varphi(\dot{B})$ と表せば

$$E\left(\int e^{\langle \dot{B}, \xi \rangle} \varphi(\dot{B})\right) = \langle e^{\langle \dot{B}, \xi \rangle}, \bar{\varphi}(\dot{B}) \rangle_\mu$$

となる.ただし,記号 E はホワイトノイズ測度 μ に関する平均(積分)を表し,$\langle \cdot, \cdot \rangle_\mu$ はヒルベルト空間 $L^2(E^*, \mu)$ における内積である.

このとき,積分値は,形式的に,$\frac{1}{dt}$ のベキのタイプの無限大を許すことにすれば,上の平均値は常に存在する.

簡単な例から始めよう.

まず $\dot{B}(t)^2$ である.それを近似する量 $(\frac{\Delta B}{\Delta})^2$ の S-変換は $(\frac{\Delta \xi}{\Delta})^2 + \frac{1}{\Delta}$ と計算される.$|\Delta| \to 0$ のときに,上の S-変換が収束するためには発散項 $\frac{1}{\Delta}$ を除かなければならない.そうすれば極限は存在し ξ の(したがって指数関数 $e^{\langle x, \xi \rangle}$ の)線形連続関数となり超汎関数になる.$\dot{B}(t)^2$ から除くべき無限大は,不確定な無限大ではなくて $\frac{1}{\Delta}$ として確定したもの(としての無限大)である.再び形式的にいえば,変数のベキを同じ次数のパラメータ付きエルミート多項式にする操作といえる.ただし n 次のときは,次に一般的に述べるように,定数 $n!$ の補正をする.

これを,より一般にするため,次の観察をしよう.付録 A.4 のパラメータ付きエルミート多項式の母関数の公式で x の代わりに $\langle x, \eta \rangle$ とおき,両辺の S-変換をとり,t^n の係数を比較すれば,容易に

$$S(n! H_n(\langle x, \eta \rangle; \|\eta\|^2))(\xi) = \langle \xi, \eta \rangle^n \tag{5.9}$$

がわかる.このような確定した無限大の補正をするのがくりこみである.多項式に対する補正が加法的であるので,**加法的くりこみ**ともいう.

形式的な $\dot{B}(t)$ の多項式 $\varphi(\dot{B}(t))$ のくりこみを行ったものを $:\varphi(\dot{B}(t)):$ と書くことにしよう.そうすれば,これまでのことをまとめて

5.1. S-変換, T-変換, U-汎関数, フーリエ–ウイナー変換

$$:\dot{B}(t)^n: = n!H_n\left(\dot{B}(t); \frac{1}{dt}\right)$$

と書くことができる.そうすれば

$$(S:\dot{B}(t)^n:)(\xi) = \xi(t)^n$$

がわかる.

くりこみは異なる t_j に関する $\dot{B}(t_j)$ の多項式の積に対して乗法的に作用する.このことは,各 $\dot{B}(t_j)$ を近似するときの微小時間区間 Δ_j を互いに重なり合わないようにとれば,$\frac{\Delta B}{\Delta_j}$ が独立な変数系となり,それらのエルミート多項式の積の S-変換が S-変換の積になる.

よって t_j が異なるときの積 $\prod_j \dot{B}(t_j)^{n_j}$ に対するくりこみは S-変換の値域に属する汎関数 $\prod_j \xi(t_j)^{n_j}$ に逆変換 S^{-1} を作用させたものであることがわかる.

こうして次数つき多項式環 $\mathcal{A}$ 全体についてのくりこみの方法が確定する.

ここで見たように,くりこみのために S-変換が有効であることがわかった.

(a) さらに,そのことについてのいくつかの注意をする.

超汎関数空間を得るためにはテスト汎関数空間が必要であった.汎関数 $\exp[\langle x, \xi \rangle]$ は単にテスト関数というだけではなく,通常のホワイトノイズ汎関数の生成要素でもあり,究極的には,全ホワイトノイズ汎関数を支配する.この事実から指数関数を用いて定義される S-変換が基本的な役割を果たすのは当然であることを知らされるのである.

(b) 次数つき多項式環 $\mathcal{A}$ の要素に対するくりこみを拡張して,より一般のホワイトノイズの関数(形式的なものも含めて)のくりこみ可能な関数,すなわち超汎関数,に変形できるものを決めていくことになる.そのとき $\mathcal{A}$ における演算を代数的に行って,それを,ある大きな空間に属するホワイトノイズ汎関数とみて,そこから $(L^2)^-$ への射影(これも形式的であるが)のように考えればよいことがわかる.しかし,指数関数が汎関数空間の生成元であることを考慮すれば,射影と言ったことにも,ある程度の説明はつくであろう.今は,直観的な見方をしてみたのである.

(c) これまで $\mathcal{A}$ について考えてきたことは,指数写像によって,容易に指数

関数にまで拡張できる．そこで母関数に注意したい．それをベキ級数展開の形にもどして，項別にくりこみを行い，また和にもどしてみればよい．こうして，最終的に，$\mathcal{A}$ と指数関数のクラスとを基礎に，多項式を出発点とした関数をくりこみの手法で超汎関数の空間に到達するロードマップができたことになる．

(d) 可換環 $\mathcal{A}$ を次数つきで考えたのは，$\mathcal{A}_n$ を $\mathcal{A}_{n-1}$ (ただし $n \geq 1$) に写像する消滅作用素，また $\mathcal{A}_n$ を $\mathcal{A}_{n+1}$ に移す生成作用素を考慮に入れたからである．これらの作用素は次節で考えるが，前者は変数 $\dot{B}(t)$ に関する微分作用素であり，後者はその共役作用素に他ならない．

$\mathcal{S}$-変換についてのまとめ．

これまで，S-変換は種々の場面で登場し，それぞれの役割を果たしてきた．ここで，それらをまとめて，果たす意義を再考したい．

(1) 超汎関数を導入するためにはテスト関数を用いなければならない．指数関数 $\exp[\langle x, \xi \rangle]$ はテスト関数であり，ホワイトノイズ汎関数を生成する生成元である．S-変換は当該関数空間を支配する．

(2) くりこみは $\mathcal{A}$ の超汎関数空間 $(L^2)^-$ への射影と言ってよい．実際，指数関数との内積すなわち S-変換は，そのベクトルと超汎関数空間へ射影した量との内積を導くからである．

(3) S-変換を用いる方法は系 $\mathcal{A}$ についてだけでなく，当面 2 次関数の指数関数にも適用できる方法であり，くりこみを自然に導く．またくりこみの量を提示する．

具体的な計算を示すと

命題 5.3 (i) $\varphi(\dot{B}(t))$ を変数 $\dot{B}(t)$ の p 次多項式 P とするとき，次の式が成り立つ：
$$(\mathcal{S}\varphi)(\xi) = P(\xi(t)) + O\left(\frac{1}{dt}\right).$$

ここで $O\left(\frac{1}{dt}\right)$ は $\frac{1}{dt}$ について $\left[\frac{p}{2}\right]$ 次の多項式による無限大を表す．

(ii) 上と同じ記号を用いて，異なる t_j についての多項式の積 $\prod \varphi_j(\dot{B}(t_j))$ に

対して，その S-変換は

$$\prod P_j(\xi(t_j)) + O\left(\prod \frac{1}{dt_j}\right)$$

と表される．

証明は容易であるが，ただ $\frac{1}{dt}$ の理解に注意が必要であるが，それもほとんど明らかであろう．ホワイトノイズ $\dot{B}(t)$ の近似を（正確には空間 $\mathcal{H}_1^{(-1)}$ において）ガウス変数 $\frac{\Delta B}{\Delta}$ とする．ただし，Δ は t を含む小区間である．このガウス変数の S-変換は $\frac{1}{\Delta}\int_\Delta \xi(u)\,du$ となる．その極限値は $\xi(t)$ である．$\dot{B}(t)$ の一般のベキについても同様の近似を行い，超汎関数になるように修正を行えば，その結果はパラメータ付きエルミート多項式になる．公式の σ^2 は $\frac{1}{\Delta}$ あるいは $\frac{1}{dt}$ に変わるが，結果として命題の式に到達する．

(4) S-変換には，定義式から見られるように，ラプラス変換との類似がある．デルタ関数を普通の汎関数にする．当然扱い易くなる．

(5) 汎関数 $\varphi(\dot{B})$ を $\dot{B}(t)$ で偏微分するとき，微分の考え方が問題になる．これは S-変換をしてからフレシェ微分することで解決する．

φ_j, P_j は (3) の記号として，さらに次の記号 :・: を一般化する：

$$:\prod \varphi_j(\dot{B}(t_j)): = \mathcal{S}^{-1}\left(\prod p_j(\xi(t_j))\right). \tag{5.10}$$

注意 記号 :・: は作用素 (operation) と考えられる．よく知られたウィック (Wick) 積の記号と同じであるが，実質上混乱することはない．

定理 5.5 作用素 :・: は線形的に $\mathcal{A}$ 上にまで拡張される．それは

(i) ベキ等 (idenpotent) である．

(ii) それは，さらに $\dot{B}(t), t \in R$, の線形汎関数の指数関数にまで拡張できる．

証明 (i) はほとんど明らかである．

(ii) 指数関数については，指数のベキ級数展開を用いる．このとき，級数の収束と，各項のくりこみの作用とが交換できることが計算で確かめられる．またエルミート多項式の母関数を用いても検証することができる． □

ホワイトノイズの2次形式の指数関数

ホワイトノイズの1次関数の指数関数には，母関数としての表現が役立ち，その定義や扱いに何の問題も起こらない．

2次形式になると4.3節でみたように，簡単には扱えない．まして，一般の2次形式の指数関数は注意が必要となる．すでに2次形式自身のくりこみが必要な場合もあり，その指数関数の扱いには重ねての注意が必要となる．基本的には2次形式の指数関数については，そのベキ級数展開を用いて項別にくりこみを実行することになる．

なお3次以上の汎関数の指数関数 $(S)^*$ で考える限りでは，ポットホフ–シュトライトの判定条件により，その必要はない．しかし，より広く $(L^2)^-$ の中での議論にまで拡げて考えようとすれば，一般論は無理としても，典型的な例を扱うのは有意義である．例えば，量子場の理論で，ユークリッド場に対する具体例は多い．7.1節で扱う．

以下，いくつかの例でくりこみの様子を見よう．

まず，通常の2次汎関数，すなわち H_2 に属する実数値汎関数 $\varphi(\dot{B})$ を考える．それは対称な実数値 $L^2(\mathbb{R}^2)$ 関数 $F(u,v)$（核関数）によって表現される．そこで

$$f(\dot{B}) = \exp[\varphi(\dot{B})]$$

とおく．

定理 5.6 核関数 F が区間 $(0,4]$ に固有値を持たないと仮定する．そのとき

$$(\mathcal{S}f)(\xi) = \delta(2i;F)^{-\frac{1}{2}} \exp\left[\iint \hat{F}(u,v)\xi(u)\xi(v)\,du\,dv\right] \tag{5.11}$$

となる．ここで $\hat{F} = F(-I+2F)^{-1}$（F を積分作用素とみて）とおく．また $\delta(2;F)$ は修正フレドホルム行列である．

証明 仮定から，$\hat{F}$ は正しく定義できる．定理の式は [30] §4, 6 による．他に [89] も参照．

註 ここでフレドホルム行列でなくて，なぜ**修正フレドホルム行列**になったかを問われよう．実はここでは正則2次形式に限定しているのである．詳しくいえば，$\varphi(\dot{B})$ は2次形式の一般形ではない．実際はくりこみを必要とする $\dot{B}(t)$ の正則2次汎関数

5.1. S-変換, T-変換, U-汎関数, フーリエ–ウイナー変換   **93**

を除いたものである. 形式的に言えば, それは, 普通の積分ではなく, 被積分関数の (u,v)-空間における対角線上の部分を除いた部分の積分である. これが, フレドホルム行列の修正が求められている理由である. フレドホルム行列の展開式をみれば, そのことが推察される. しかし S-変換をしてみれば (くりこみが済んでいるので) 対角線上のことは消えているのである.

このような考察の結果, 次の定理に到達する.

定理 5.7 ホワイトノイズの 2 次形式 $\varphi(\dot{B})$ の指数関数 $f(\dot{B}) = \exp[\varphi(\dot{B})]$ のくりこみ $:f(\dot{B}):$ は前定理で因子 $\delta(2i;F)^{-\frac{1}{2}}$ を取り除くことによって得られる.

証明には付録 A.5 の 2. パラメータ付きエルミート多項式を用いればよい.

3 次以上の多項式, あるいは別の種類の汎関数の指数関数は, その都度工夫する. くりこみの必要な場合は, その結果が $(L^2)^-$ に属する関数に限る.

くりこまれた超汎関数の例

1. 2 次形式

通常の 2 次形式, すなわち $\mathcal{H}_2$ の要素についてはすでに述べた. それを拡張した $\mathcal{H}_2^{(-2)}$ の要素については 2 次の特性が顕著となり, 興味深い.

例えば $\int f(t) :\dot{B}(t)^2: dt$ や $\int F(u,v) :\dot{B}(u)\dot{B}(v): du\,dv$ がある.

前者は正則で後者は正規という区別があるが, 代数的な意味の他に, ともにレヴィ・ラプラシアンの定義域に属し, 後者は調和である.

2. ガウス核 (Gauss kernel)

有限次元の場合の標準ガウス核の類似として形式的に

$$\varphi_c = \exp\left[c \int :\dot{B}(t)^2: dt\right], \quad c < \frac{1}{2},$$

が考えられるが, これには, 乗法的くりこみが必要である. くりこまれた汎関数の S-変換は

$$U(\xi) = \exp\left[\frac{c}{1-2c}\|\xi\|^2\right]$$

である.

3. ドンスカー (Donsker) のデルタ関数

$$\delta_{t,a} = \delta(a - B(t)), \quad a \in R,$$

をドンスカーのデルタ関数という．

これは次の変形および展開を許す：

$$\begin{aligned}
\delta_{t,a} &= \frac{1}{2\pi} \int e^{ip(a-B(t))} \, dp \\
&= \frac{1}{2\pi} \int e^{ipa} e^{-iap} e^{-ipB(t)+\frac{1}{2}p^2 t} e^{-\frac{1}{2}p^2 t} \, dp \\
&= \frac{1}{2\pi} \sum_n :B(t)^n: \int p^n e^{ipa - \frac{1}{2}p^2 t} \, dp \\
&= \frac{1}{\sqrt{2t\pi}} e^{-a^2/(2t)} \sum_n \frac{1}{n!} t^{-n} a^n :B(t)^n:.
\end{aligned}$$

この場合の $:B(t)^n:$ はエルミート多項式である．最後の式における級数の第 N 項までの和をとり δ_{t,a^N} とする．その $(L^2)^-$-ノルムを計算すると，$c_n^{-1} = n^{-1}$ として，有限であることがわかる．これから結論が導かれる．

実際，これは有限次元の場合のデルタ関数の役割をホワイトノイズ解析で演ずる．後述の 7.2 節の経路積分の項を参照．

4. $\exp\left[\int_0^1 :\dot{B}(t)^4: dt\right]$

これも $(L^2)^-$ に属する．

証明は，その S-変換 $\exp\left[\int_0^1 \xi(u)^4 \, du\right]$ をベキ級数展開して，各項が $\left(\mathcal{H}_{4n}^{(-4n)}\right)$ に属すること（$((S)^*$ ではない）を見ればよい．各項の和の収束は c_n の選択による．その結果は明らかに $(L^2)^-$ に属することがわかる．関連する事項として，7.1 節の量子場の項参照．

5.2 超汎関数に対する演算

変数と関数が決まった以上，解析学の常道から言えば，その次は微分および積分を定義して，一般の解析を行う段階になる．まず，微分について考えよう．

離散パラメータのときは，その定義に迷いはない．基本的には，例えば，変

数系が X_n, $n \in \mathbb{Z}$ のとき，通常の実変数関数 $f(x) = f(x_1, x_2, \ldots, x_n)$ について，$\frac{\partial}{\partial x_k} f(x) = f'_k(x)$ ならば

$$\left(\frac{\partial}{\partial X_k} f\right)(X) = f'_k(X)$$

とするのは許容されるとしよう．この微分演算を一般の高階偏微分に拡張するのは容易である．

ところが，この場合も，変数が連続パラメータの場合になると，話は別になる．すでに，2.3 節の (5) で，この場合の微分を急いで考えたが，改めて詳しく論じたい．当面ホワイトノイズのとき，$\varphi(\dot{B}(t), t \in \mathrm{R}^1)$ に対して，偏微分の演算は，変数 $\dot{B}(t)$ を「少し変化」させるという場合の関数の変化が問題になるが，変化させる量をランダム変数にとるとすれば，その微小ランダム変数がどこを動くかが問題になる．もし $\{\dot{B}(t)\}$ と独立な量とすれば，それは考えている確率空間の外での演算になるであろう．各 t 毎にそうするならば，確率空間は収拾できなくなる．変化の量をノン-ランダムにすれば，微分本来の趣旨と違ってしまう．これらについてのさらなる考察は以下のように行う．

このような注意の下で，可換代数 $\mathcal{A}$ にもどり，そこに次数が定義されていることを利用する．すなわち**消滅作用素を微分作用素に変える**．これについては，後の 6.8 節で，パラメータがデジタルからアナログへの移行をするときにも考えるが，今はその事実だけを論じよう．

やはり S-変換を利用する．

まず，ホワイトノイズ汎関数の変数が $\dot{B}(t)$ であること，およびその変数自身の S-変換が単なる $\xi(t)$ であることを思い出す．超汎関数 $\varphi(\dot{B})$ の S-変換を $U(\xi)$ とすれば，変数 $\dot{B}(t)$ の微小変化は，空間 $\mathcal{F}$ においては ξ を $\delta \xi$ だけ変化させることに相当する．すなわち $U(\xi)$ の変分をとることになる．

汎関数の変分には基本的なものが二つある：フレシェ (R.M. Fréchet) 微分とガトー (R. Gâteaux) 微分である．両者とも関数解析における周知の概念であるが（例えば [56], [105], [106] など参照），簡単に復習をしておく．

汎関数 $U(\xi), \xi \in E$, に対して

- ガトー微分：
 $\lim_{h \to 0} \frac{U(\xi + h\eta) - U(\xi)}{h}$ が存在するとき，その極限値を $d_\eta U(\xi)$ と書き，そ

れを $U(\xi)$ の**ガトー微分**という．これは，無限次元ベクトル空間の中で，η 方向の 1 次元空間に沿った値の変化の様子を表すものと理解できる．これは，実質的には，デジタルの場合に適した方法ということができる．

● フレシェ微分：
 $U(\xi + \eta) - U(\xi)$ を ΔU と書く．もし
$$\Delta U(\xi) = \int \delta U(\xi, t) \eta(t)\, dt + o(\eta)$$
と表され，$\delta U(\xi, t))$ が t について可測であり，ほとんどすべての t について $\mathcal{F}$ に属するとき U はフレシェ微分可能であると言い，$\delta U(\xi, t)$ を U のフレシェ微分という．それを $\frac{\delta U}{\delta \eta(t)}$ と書く．

これは変数 ξ を微小変化させたときの $U(\xi)$ の全微分と理解することができる．変化させるベクトルは，あらゆる方向を指示していて，無限次元における微分を考える我々の趣旨に沿っている．このフレシェ微分 $\frac{\delta U}{\delta \eta(t)}$ が $\mathcal{F}$ に属するとき，それに S^{-1} を作用してホワイトノイズ超汎関数にもどしたものを φ の微分としたい．このとき $\varphi(\dot{B})$ は**微分可能**であるという．そして
$$\frac{\delta \varphi}{\delta x(t)}$$
を φ の**フレシェ微分**あるいは汎関数微分，または，単に**微分**という．

以後，こうして決まる微分演算を，すでに用いているが，久保–竹中による記号 ∂_t で表すことにする．

例 5.3 また，2 次汎関数の場合を見る．
$\varphi \in H_2^{(2)}$ が 2 重ウイナー積分で表されるとき
$$\varphi(\dot{B}) = \iint F(u, v) : \dot{B}(u) \dot{B}(v) : du\, dv$$
ならば
$$(S\varphi)(\xi) = \iint F(u, v) \xi(u) \xi(v)\, du\, dv$$
で，そのフレシェ微分は存在して
$$2 \int F(t, v) \xi(v)\, dv$$

だから
$$\partial_t \varphi(\dot{B}) = 2\int F(t,v)\, dB(v)$$
となる.すなわち,微分によりガウス過程が得られる.

例 5.4 2 次超汎関数の場合.特に正則 2 次形式の場合で,例えば f を連続,可積分関数として
$$\phi(\dot{B}) = \int f(u) \!:\! \dot{B}(u)^2 \!:\, du$$
としよう.核関数は R^2 上の超関数(ソボレフ空間 $K^{3/2}(\mathrm{R}^2)$ の元とみなされる)で,特異性があるが,S-変換は
$$U(\xi) = \int f(u)\xi(u)^2\, du$$
であり,フレシェ微分可能で
$$\frac{\delta U}{\delta \eta(t)} = 2f(t)\xi(t)$$
である.よって
$$\partial_t \int f(u) \!:\! \dot{B}(u)^2 \!:\, du = 2f(t)\dot{B}(t)$$
となる.

多項式環 $\mathcal{A}$ の各要素についても,上の例のような計算から容易に演算が推測できて,次の結果を得る.

定理 5.8 次数つき代数 $\mathcal{A}$ の要素のくりこみ結果の微分は,任意の $n \geq 1$ と任意の t, s について成り立つ式
$$\partial_t \!:\! \dot{B}(s)^n \!:\, = n \!:\! \dot{B}(s)^{n-1} \!:\, \delta(t-s)$$
を線形に拡張して得られる.

この関係式から,微分作用素 ∂_t は**消滅作用素**と呼ばれる.超汎関数空間における消滅作用素の共役作用素 ∂_t^* が定義されるが,それは**生成作用素**と呼ばれる.これらは前に定めたことの追認に過ぎない.生成作用素は多項式の次数を 1 だけ上げるので,この名がある.

98　第5章　ホワイトノイズ解析

より一般に次のことが言える．各 t, s について作用素 ∂_t および ∂_s^* を変数 $\dot{B}(t), t \in R^1$, および $\frac{1}{dt}$ の多項式で $(L^2)^-$ に属する元にまで作用させることができる．実際，両者の定義域 $\mathcal{D}(\partial_t)$ も $\mathcal{D}(\partial_s^*)$ もともに $(L^2)^-$ において稠密である．

命題 5.4 ∂_t および ∂_s^* は次の**交換関係**を満たす．任意の t, s について

$$[\partial_t, \partial_s] = [\partial_t^*, \partial_s^*] = 0,$$
$$[\partial_t, \partial_s^*] = \delta(t-s).$$

ただし $[\cdot, \cdot]$ はリー (Lie) 積である．すなわち $[A, B] = AB - BA$.

系 $\{\partial_t, \partial_s^*; t, s \in \mathrm{R}^1\}$ は非可換代数である．

5.3　ホワイトノイズ解析の設定

ホワイトノイズ汎関数の解析学の設定は40年以上も前から議論されてきた．例えば [29] がある．この方面の最近の研究の飛躍的発展を踏まえて，無限次元解析としてのホワイトノイズ解析の数学的設定を新たにしたい．これまで述べてきたことはすべて準備事項として，新しい解析学を述べるために基礎概念をあらためて概観しよう．

***Idealized elemental random variables*, 再考.**

これまでは，特にガウス型の場合に，理想化された基本確率変数系としてのホワイトノイズ，すなわち系 $\{\dot{B}(t), t \in \mathrm{R}^1\}$ を取り上げて，それを変数系とする合理的な，かつ適切な大きさの汎関数のクラスを超汎関数空間として構成した．それは $(L^2)^-$ あるいは $(S)^*$ であった．

最初に述べたように，$\dot{B}(t)$ の理解の最も重要な方向としては，reduction によるノイズとしての立場である．ノイズの構成法の一つとして自然に登場した．もう一つの方向は，確率過程の innovation の典型の一例として採用したのである．

別に一つの重要な例であるポアソン・ノイズについても，当然同様な認識

5.3. ホワイトノイズ解析の設定

が必要である.ポアソン過程を $P(t), t \geq 0$, とすれば,ポアソン・ノイズは $\dot{P}(t)$ で表される.ノイズとした場合,パラメータ t の動く範囲を R^1 にまで拡張しておく.

以上の 2 例は,パラメータが時間 t の場合である.動く範囲が R^1 で 1 次元ユークリッド空間であるから,この空間の運動として,平行移動すなわちシフトがある.代表的なこの二つのノイズはシフトで不変な確率分布を持つ.すなわち定常分布に従う.

さらに重要なことがある.reduction の立場からすれば,空間変数をパラメータとするノイズがあることの認識である.これは,時間パラメータの場合と対比して論ずべき内容である.これについては 3.2 節 3. においていくらか論じたところである.そこでは小確率の法則を見て,自然に空間のパラメータのノイズを考える一つの立場があった.

今,これとは違った角度から空間パラメータのノイズを考えてみよう.離散パラメータの場合は我々の立場からは,興味が少ないことは,やはり 3.2 節で述べた.連続パラメータに限るとする.時間のパラメータの場合は,空間は,代表的に R^1 であり,この 1 次元ユークリッド空間には運動群として平行移動,すなわちシフト

$$t \longrightarrow t+h, \quad t \in \mathrm{R}^1$$

が働く.

この変換で不変な,すなわち超過程として,レヴィ過程 $Z(t)$ の時間微分 $\dot{Z}(t)$ がある.

空間パラメータの場合に移ろう.やはり,各点で独立な確率変数を考えるため 3.2 節と同じく,離散パラメータの場合の類似として,加法的確率変数系 $Z(u)$ の微分を取り上げる(パラメータの記号を u に変えた).

$$\dot{Z}(u) \longleftrightarrow Z(u), \quad u > 0.$$

この考えについては,第 3 章で,特に 3.2 節で詳しく述べた.これに続く議論がまた重要である.パラメータが決まったときの,ワイルの思想を思い出したい.[99] 参照.パラメータ空間に働く変換群である.

空間パラメータが u のとき,u は空間の座標ではなく,推移の距離を表

す．したがって u の動く範囲は正の半直線 $(0, \infty)$ となる．この位相空間には dilation τ_a が作用する：

$$u \longrightarrow \tau_a \cdot u = au.$$

1-パラメータ群にするため

$$\tau_t u = e^t u, \quad -\infty < t < \infty,$$

と書く．

これら時空の空間に作用する変換によって，分布が不変，あるいは同等な分布が得られるような場合に興味がある．

連続パラメータのノイズを考えるのに，パラメータが1次元であれば，離散パラメータの場合の類似で加法過程を扱えばよかったが，(t, u) の2次元ではそのように単純にはいかない．よって，加法性を一般化してランダム測度を考える．今の場合，可測空間は $(R_+^2, \mathbf{B}_+^2)$ である．ただし $R_+^2 = \{(t, u), t \in \mathrm{R}^1, u \in (0, \infty)\}$ で $\mathbf{B}$ はボレル集合族を表す．

定義 5.5 確率変数の系 $\{Z(A);\ A \in \mathbf{B}_+^2\}$ は次の2条件を満たすとき，**ランダムラドン測度**という．

(1) 任意の $A \in \mathbf{B}_+^2$ について $Z(A)$ は実数値をとり $E(Z(A)) = 0$，かつ $E(|Z(A)|^2) = \sigma(A)$ である．ただし σ は $(R_+^2, \mathbf{B}_+^2)$ 上のラドン測度である．

(2) $A_1 \cap A_2 = \emptyset$ ならば $Z(A_1)$ と $Z(A_2)$ は独立である．

命題 5.5 ランダムラドン測度 $Z(A)$ が与えられたとき，任意の $f \in L^2(R_+^2, d\sigma(t, u))$ に対して**確率積分**

$$Z(f) = \int f(t, u)\, dZ(t, u)$$

が定義できて

$$E(Z(f)) = 0,$$
$$E(|Z(f)|^2) = \int |f(t, u)|^2\, d\sigma(t, u)$$

5.3. ホワイトノイズ解析の設定

となる.

証明は通常の確率積分と同様にして与えられる.

系 5.1 ランダムラドン測度には，次式により特性汎関数 $C(\xi)$ が定義される. ξ は適当なテスト関数空間（核型空間）$E \subset C^\infty(R_+^2)$ を動くとする.

$$C(\xi) = E(\exp[iZ(\xi)]).$$

補足 次のような (t,u)-集合

$$R_+^2 = \{(t,u);\ t \in \mathrm{R}^1,\ u \in (0,\infty)\}$$

で考える. t は時刻を表し R^1 全体を動き，u は空間パラメータで，半直線 $\mathrm{R}_+^1 = (0, \infty)$ を動く. t, u それぞれの変数について加法的な確率過程 $N(t,u)$ を扱う.

我々はレヴィの $N(t,u)$ 過程を参考にしてラドン確率測度 $Z(A)$, $A \in \mathbf{B}(R_+^2)$, を導入した. その密度関数の存在を仮定して，それを $z(t,u)$ と書く. $E_1 = E_1(R_+^2) = \{(t,u);\ t \in \mathrm{R}^1,\ u \in (0,\infty)\}$ として特性汎関数 $C(\xi) = \int_{R_+^2} \exp[i\langle z, \xi\rangle]\,dZ$, $\xi \in E_1(R_+^2)$ を取り上げる. それは明らかに，各点独立な超過程を定義する. (t,u) がパラメータ空間である. t は時間を表して R^1 を動き，u は空間パラメータとして $(0,\infty)$ を動く.

このとき，特性汎関数の形を同定したい. そのため逆を考える.

ゲルファント–ヴィレンキン (Gelfand–Vilenkin) [21] を参考にして，与えられた特性汎関数 $C(\xi)$ が

$$C(\xi) = \exp\left[\int_{R_+^2} f(\xi(t,u))\,dt\,du\right]$$

の形をしているとしよう.

さらに，それが空間 $E_1(R_+^2)\{(t,u),\ t \in \mathrm{R}^1,\ u \in (0,\infty)\}$ で連続な特性汎関数列 $C_n(\xi)$ で近似されると仮定しよう. そのとき，$C(\xi)$ は $E_1^*(R_+^2)$ 上のランダムラドン測度を定義する.

以下，特に $C(\xi)$ が shift-invariant in t かつ dilation-invariant in u などを仮定しよう. 後者は定数を除く.

ラドン確率測度から，分散として導かれるラドン測度について R^1 および $\mathrm{R}_+^1 = (0,\infty)$ の分布を考えると，それぞれ R^1 上ではルベーグ測度と同等（正

規化して dt),一方 R_+^1 上では $cu^\beta\,du$ となる.

ラドン測度の局所有限性を要請して,結局,ランダムラドン測度はガウス型のホワイトノイズと安定ノイズとの組み合わせとして表される.こうして,reduction のロードマップをたどることになる.

ランダムな変数系に付与するパラメータとして,それが時間変数と考えた場合であるが,一説には連続パラメータがあって,それに対比するものとして離散があった.

我々はその逆で,離散自身には興味は乏しく,ただ連続を近似するものとして扱いたい.デジタルからアナログへの移行 (passage from digital to analogue) と言われる流れである.この方向の議論には十分な考慮が必要であり,単純な形式的なものと考えるのは軽率である.

パラメータの種類によるランダムな変数のあり方を考えるが,特にノイズの場合には,妥当な条件のもとでは,本質的にはガウス型と(複合)ポアソン型の2種類で尽きることは,すでに見た通り,種々の観点から証明される.連続1次元パラメータの場合,加法過程,特にレヴィ過程を取り上げて,離散パラメータのときの独立変数列に代えたことからも導かれるが,そのとき,素な要素として,ガウス過程および強度を種々に変化させたポアソン型過程で尽きることから導かれることを特に思い出したい.

時間だけでなく,空間も考慮して2次元の (t,u) パラメータの場合は別な説明が求められよう.それは,直観的には下図で示される.

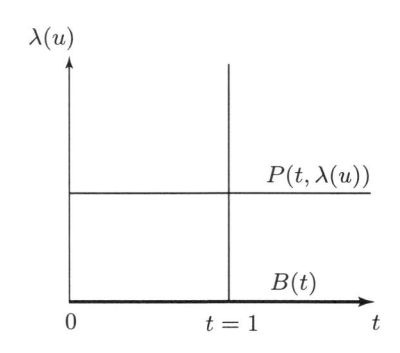

図 5.1 パラメータ t, λ の関係.λ も u をラベルとして動く.

5.3. ホワイトノイズ解析の設定

まず空間のパラメータ u から始めよう．それはポアソン分布（ポアソン過程も兼ねて）の強度 λ のラベル（または表現）として理解される：$\lambda(u) > 0$, $u > 0$．さらに $u \leftrightarrow \lambda$ は全単射とする．変数 u の使用は好都合で，一方強度は視覚に訴えるのに弱い．ポアソン分布のスケールを u にとれば，その特性関数 $\varphi(z)$ は

$$\varphi_u(z) = \exp[\lambda(e^{izu} - 1)]$$

である．

各 u 毎に，それを素子として重ね合わせを考えるとき，各要素は無限小の理想的なものであるので強度も $\lambda(u)\,du$ と表す．それらに対応する確率変数は互いに独立とみなせるので，特性関数はそれら各因子の φ_u の無限積となる．すなわち，

$$\exp\left[\int_{0+}^{\infty}(e^{izu} - 1)\lambda(u)\,du\right] \tag{5.12}$$

である．

空間パラメータの場合は，空間は半空間で，それに対する変換群は dilation の群である．それは強度 $\lambda(u)$ の関数形を決める．すなわち dilation invariant としたので，$\lambda(u) = u^{\beta}$ であるが，$[1, \infty)$ 上の可積分性から $-\beta = \alpha + 1$ と書くとき $\alpha > 0$ でなければならない．

また $0 < u \leq 1$ では，$0 < \alpha < 1$ が可積分の条件となる．そのとき

$$\exp\left[\int_{0+}^{\infty}(e^{izu} - 1)u^{-(\alpha+1)}\,du\right] \tag{5.13}$$

となる．

ここで，独立確率変数の和についての擬収束を思い出そう．平均値などの適当な定数を各項から引いて，和を収束させる方法である．連続和だから適当な関数を引いて積分を収束させることを考える．いま被積分関数から izu を引いてみよう．それを確率変数の方でみれば平均値を減ずることになる．それは技巧に走るものではなく，ごく当然なことである．そうすれば，被積分関数は $e^{izu} - 1 - izu$ で，測度 $u^{-\alpha-1}\,du$ による積分は $0 < \alpha < 2$ までを許容することになる．そのときの式は (5.13) の被積分関数を補正して次のようになる：

$$\exp\left[\int_{0+}^{\infty}\left(e^{izu} - 1 - \frac{izu}{1+u^2}\right)u^{-(\alpha+1)}\,du\right]. \tag{5.14}$$

こうして，安定分布に付随する α すなわち安定分布の**指数**は区間 $0 < \alpha < 2$ の許容範囲すべてを網羅することになり，満足すべき結果となった．

これは，ある意味ではよく知られていることである．特例として，指数 2 の安定分布はガウス分布である．上で得た指数の許容範囲で α が境界 2 に近づいたらどうなるかというのは自然な疑問であろう．特性関数に現れる指数 α を単純に 2 にすればよいかもしれないが，(5.14) の被積分関数でいうには困難がある．

こうして，我々は 2 種類のノイズを，姉妹のように考えて，あるいは同様に扱い，あるいは両者の違いをクローズアップして，比較対照しながらその解析を進めていくことにする．このような解析を，さしあたり無限次元解析と呼んでおこう．勿論確率解析の典型である．その理論は **stochasticity** と呼ぶにふさわしい．3.2 節の 3 も参照．

なお，図 5.1 の (t,u)-領域において，直交座標を用いることについての検討はしなかった．しかし，ノイズの立場から両者の関連を見ておきたい．ポアソン分布の場合，その強度 λ を変えるのには，確率変数の言葉に直すしか仕方がないが，それを X とするとき，その表面的な数値の変換，$aX + b$ などでは不可能である．X を強度 λ のポアソン過程 $P(t,\lambda)$ に埋め込んで (embedding)，例えば $X = P(1)$ とする．そうすれば強度 $a\lambda$, $a > 0$, のポアソン分布を求めたいなら，$Y = P(a)$ なる Y をとればよい．

簡単に言えば，強度を変えるには，ポアソン過程に埋め込み，時間 t を変化させればよい．強度 λ の変更は，埋め込みで

$$\lambda \longrightarrow a\lambda$$

は，時間で言えば，単位時間の変化は

$$1 \longrightarrow a$$

であるが，スケール $u = u(\lambda)$ で表現するならば

$$u = u(\lambda) \longrightarrow u(a\lambda)$$

となろう．

註 このように，素な偶然量の系につけた時・空 2 種のパラメータは，(t,u) 空間で

独立な変数のようにみえるが，確率の世界を表現するときは，双対性とも言うべき，一種の対応関係を秘めている．それは一つの beauty でもある．詳しくは別に論じる．

確率ラドン測度で周辺確率測度が安定な場合，例えば $\lambda(u) = |u|^{-(\alpha+1)}$ ならば

$$u \longrightarrow a^{-1/(\alpha+1)} u$$

となる．以上図 5.1 への補足説明である．

5.4 無限次元解析

我々は時空 2 種類のノイズを，兄弟あるいは姉妹のように見て，時には同様に扱い，また別に両者の違いに注目して，比較対照しながら，しかも可能な限り統一的に，それらの汎関数の解析を進めていくことにする．すなわち無限次元解析の立場からいえば，stochasticity の理論として，話を進めていく．

時空 2 種類のノイズといったが，前節でみたように，時間をパラメータとするノイズは，その確率分布によって，さらに 2 種類に分かれる．すなわちガウス分布を持つホワイトノイズとポアソン分布に依存するポアソン・ノイズがある．

空間のパラメータのときは，ポアソン型と言うべきもの唯一種類のみである．

(i) すでに考察したように，ホワイトノイズやポアソン・ノイズともに，各時点で独立であるが，直観的な表現としては，各無限小区間 dt 毎に独立というのが適しており，それによって議論が展開できる．厳密な意味は 4.2 節で与えた．また次の第 6 章も参照．

このような事情から，ポアソン・ノイズ $\dot{P}(t)$ は，ガウス型のときと同じようにして，(1 次の) 超汎関数として，また変数系の一メンバーとして，正確に定義される．そして，この系を基礎にしてポアソン・ノイズの超汎関数空間の構成法もガウス型のときと同様である．

(ii) 次に共通する性質は，どちらも**素**であるということが挙げられる．$\dot{B}(t)$ はそれ以上に分解できない．その意味は，情報（該当する確率変数の決める事象の系）を増やさずに，二つの（自明でない）独立な確率変数の和として

表すことはできない，ということである．

ホワイトノイズが系 $\{\dot{B}(t), t \in \mathrm{R}^1\}$ としても，また素であることは，上の定義を拡大して定義するが，ブラウン運動の言葉で言うとわかりやすい．ブラウン運動 $B(t)$ について，時刻 t までにそれが決める事象の系 $\mathbf{B}_t$ を変えないで，$B(t)$ を（自明でない）二つの独立なブラウン運動の和で表すことはできない．証明はガウス過程の表現のところで準備したストーン–ヘリンガー–ハーンの定理による．この事実は時間に関する因果性 (causality) の要求に強く依存している．

ポアソン分布のときは，事象が離散的になるので直接観察できて，素であることは見やすい．

ポアソン過程のときも，やはり因果性を前提にして，素であることがわかる．前に注意した時間と強度との関係を見れば明らかである．

これは因果性を無視した上での話であるが，ポアソン過程は同じ指数分布に従う独立な確率変数列で構成される．それを二つに分けて，両者から，それぞれポアソン過程が構成できる．全事象は変わらないが，因果性に欠ける．

ついでながら，複合ポアソン過程を構成するそれぞれのポアソン過程は，当然素であり，独立であると同時に互いに同型ではない．実際，強度が異なっている．

(iii) 次の注意は，時間をパラメータとする両ノイズともに時間の推移に対して**定常性**を持つということである．ガウス型のとき $\{\dot{B}(t), t \in \mathrm{R}\}$ の確率分布は R 上の超関数空間の上に決まる（無限次元）ガウス型の確率測度 μ であるが，その定常性は次のようにしてわかる．

任意の実数 h に対して

$$\{\dot{B}(t+h), t \in \mathrm{R}\} \quad \text{および} \quad \{\dot{B}(t), t \in \mathrm{R}\}$$

は同じ確率分布を持つ（超関数空間の上で）．

ポアソン・ノイズについても同様の定常性が示される．

これらの著しい性質から，これらのノイズは，**idealized elemental random variables** の系であると言われることは前に説明した通りである．

ノイズについてのこのような認識は単にそれらの関数を選ぶのに重要である（innovation 参照）ばかりでなく，応用上でも必要である．例えば，ノイ

5.4. 無限次元解析

ズを情報伝達に使うなら，信号を独立な量に直すことは有効であり，そのときパワーが一定という条件ならガウス型が最大情報を持つ．これらのノイズの関数で表される確率過程の表現は予測理論などを扱うときなど，i.e.r.v. の特性が活かせて好都合である．

(iv) これに対応して空間をパラメータにするノイズの不変性はどうであろうか？ 時間のときはパラメータは 1 次元ユークリッド空間を動くと見れば，運動群は 1 次元の推移であり，それに対する普遍性は定常性となる．空間パラメータの場合は $(0, \infty)$ であり，対応する変換群は dilation $u \to au, a > 0$, である．したがって u 直線上に密度関数をおいて，dilation で同型（不変ではなく）になる場合を考えることになる．密度関数は当然 u^γ に比例した形をとる．これは複合ポアソン分布を扱う場合に登場し，安定分布を定義する．その場合 $\gamma = -\alpha - 1$ と書き，α 次**安定分布**が対応する．そこには $0 < \alpha < 2$ の制限がつく．$\alpha = 2$ は別扱いで，ガウス分布が対応する．

ホワイトノイズを扱う本書の立場から，ポアソン変数の場合にまで話が広がって，いくらか脱線気味であるが，これも無限次元解析，あるいは確率解析の統一的な議論を見ておくために必要なことである．もう少し，その線で話を進めよう．

各時点独立と考えられるノイズを変数としたのだから，その変数によってノイズの超汎関数を微分したり，また積分したりできるような設定をしなければならない．見掛け上の連続無限次元の解析という立場から見て妥当な定義から始めなければならない．また，次章で紹介する無限次元回転群がホワイトノイズ測度を不変にしたり，さらにその特徴づけを与えていることから，この群から導かれる，いわゆる無限次元調和解析の観点を尊重した解析の実行が要求される．

もう一つの留意点は，応用あるいは関連諸分野との連携に違和感があってはならないということである．実をいえば，そこからのフィードバックを期待することも含まれている．

5.5 無限次元解析としてのホワイトノイズ解析

ホワイトノイズ解析を無限次元解析の典型として再考することを試みる．勿論，この解析の内容は，ガウス型のホワイトノイズの他にポアソン・ノイズの場合，さらに空間パラメータのノイズの場合を含んでいるが，ここではガウス型のものが中心になる．

(i) パラメータが，時間，空間を問わず，連続無限集合の場合には，ノイズの関数の解析は通常の（ランダムでない）関数解析と大きく違って，連続無限個の一次独立な座標ベクトルを許容して，それを用いた解析を行うことができる．しかし，各座標ベクトルは ideal なもので，長さが無限大になる．そして，我々は各々に確固とした identity を与えたのである．

そのようなベクトルを変数に持つ汎関数の微積分のため，定義する作用素の系は非可換は当然として，有限または加算無限次元のときとは違った様相を示す．それは，「ランダム＋連続無限」の効果で，特に注意したいところである．

この主張を実証する例は，すでに見たもの，また今後随所に，著しい特徴として現れるであろう．これこそ，まさに，ランダムな，連続パラメータを持つ変数による数学である．

(ii) ガウス型，すなわちホワイトノイズ $\{\dot{B}(t),\ t \in \mathbf{R}^1\}$ の場合，具体的な微積分の計算法を確立するために S-変換を導入した．今，なぜそれが好都合であったかその理由を考えよう．それは，他の種類のノイズにも当てはまることである．

まず S-変換である．5.1 節の古典解析にみられるフーリエ変換の有効な作用を，ホワイトノイズ解析の場合に期待したい．そのため，形の上での類似としてホワイトノイズの場合では第 5 章の (5.4) で定義されるような T-変換から始めたが，次第に久保–竹中による S-変換を多く用いるようになった．S-変換の公式を再録する．

ホワイトノイズ汎関数 φ の S-変換 $(S\varphi)(\xi) = U(\xi)$ は

$$U(\xi) = \exp\left[-\frac{1}{2}\|\xi\|^2\right] \int e^{\langle x,\xi \rangle} \varphi(x)\, d\mu(x)$$

である.

　T-変換, S-変換ともに指数関数を積分因子として用いる. それはノイズの測度（確率分布）のような良い性質を持つ測度の場合には，指数関数が L^2-空間の生成元になっていることがこれらの変換が汎関数の解析における有効さの一つの原因である.

　次の主張は重要である. $\mathbf{R}^1$ 上の超関数（$\dot{B}$ の見本関数のような超関数）を変数とする汎関数が，S-変換によって，滑らかな関数（テスト関数 ξ）の非線形汎関数に変換される. 見やすく，扱いやすい対象となる. これは，有限次元解析におけるラプラス変換の類似であり，我々の場合，汎関数自体も見やすくなることが多い. 例えば，δ 関数が挙げられる.

　もう一つの利点は，S-変換は通常のヒルベルト空間の線形な自己同型写像とは異なり，その値域は再生核ヒルベルト空間を作る. その空間の再生核は，問題の測度の特性汎関数である. こうして，S-変換を施した後では，関数解析でより扱い易い汎関数空間になっている. しかも，もはやランダムな汎関数ではなく，その空間を構成する汎関数の変数は滑らかな関数であり，また位相も弱収束が各点収束に変わるなど，既存の関数解析学の方法で扱い易いものとなる.

　ホワイトノイズの場合，この $d\mu$ による積分は，平均値（確率論における意味で）である. すなわち相平均である. 今の場合，エルゴード定理が成り立つので，この平均は時間平均で置き換えることができる. 応用の問題では，偶然のあらゆる可能性をつくして計算される相平均は求めるのは至難であるが，時間平均なら，時間的経過をフォローして一連の観測結果による値から計算できる. 大きな利点である.

　この変換は一般の L^2 における自己同型写像とは全く異なることに注意が必要である. その立場から微分演算を見直してみよう.

(iii) 微分演算には，結果として，前述のようにフレシェ微分の考えを採用することとした. まず φ を S-変換をして $U(\xi)$ を得たとする. その変分が

$$\delta U = \int U'(\xi, t) \delta \eta(t) \, dt$$

となるとき $U'(\xi, t)$ がフレシェ微分である. ここで $\delta\eta$ は基礎の核型空間 E

を動くとするが，課題に応じて E の位相を緩めることがある．ここで，もし，$S^{-1}U'(\xi,t)$ がホワイトノイズ超汎関数 $\varphi(x,t)$ であれば

$$\varphi(x,t) = \partial_t \varphi(x)$$

とする．これは，直感的には，前に説明したように $\frac{\partial \varphi}{\partial \dot{B}(t)}$ を意味すると考えてよかろう．

形式上は，有限次元ユークリッド空間上の関数 $u(x)$ に対する全微分

$$du(x) = \sum_1^n \frac{\partial u}{\partial x_j} dx_j,$$
$$x = (x_1, x_2, \ldots, x_n)$$

の拡張とみなされる．実際，各座標（$\dot{B}(t)$ のこと）がすべて一様にかつ同等に現れるからである．

注意 この微分は $\dot{B}(t)$ を $L^2(R^1)$ のベース ξ_n で smear した可算個の座標ベクトル $\dot{B}(\xi_n)$ による微分（ガトー微分に対応する），すなわちデジタルの場合とは全く違っていることに注意しよう．

この演算 ∂_t はノイズの多項式の次数を一つ下げる演算となるので，消滅作用素である．その共役な作用素として当然生成差要素が現れ，これを ∂_t^* で表した．

それによって，ごく自然な形で確率積分を定義することになる．ここで自然なという意味は被積分関数が，時間的に non-anticipating という性質を仮定する必要がないということである．そして，それは十分一般な汎関数のクラスから選ばれる．こうして確率積分を実行する上で好都合なものとなった．

この積分は櫃田–スコロホッド (Hitsuda–Skorohod) 積分と呼ばれる．被積分関数の選択の自由性が増えたことになる．

(iv) また，∂_t, ∂_s^* 両種の作用素は，交換関係

$$[\partial_t, \partial_s^*] = \delta(t-s)$$

を満たすことはすでに述べた．量子確率・量子情報との自然な関連が見出される．

また，ホワイトノイズの変数 $\dot{B}(t)$ を掛ける演算は，和 $\partial_t + \partial_t^*$ で表され，フーリエ変換と合わせて，我々を一つの量子化の方向へと導いてくれる．

次章で述べる調和解析も，これら作用素の特色に依存するところが大きい．特に非可換性である．

(v) ホワイトノイズ解析は素な要素に基づくものであるだけに，確率場の場合にも通用する理論になっている．多様体 C（変分演算に好都合なために ovaloid であることを仮定する）をパラメータとするが，扱いは確率過程の場合のように，innovation が基本的な概念となる．したがって，解析にはこれまでのように，微分や積分の作用素を用いることができる．興味深いことは，それら作用素の 2 次形式の重要さが認識されることである．確率場に対する確率変分方程式や量子場に対する変分法などへのアプローチを続けながら，程遠くとも遥かに朝永–シュウィンガー (Tomonaga–Schwinger) 方程式を望むものである ([94] 参照)．この方面への一つの試みとして清水哲二，他の貢献に注意したい ([79] 参照)．それは ∂_t, ∂_s^* の 2 次形式を含んだハミルトニアンを用いるものであり，発展が期待される．

第6章　無限次元調和解析

6.1　無限次元回転群

ホワイトノイズ解析は無限次元の標準ガウス分布が基礎にある．有限次元の類似を見てみよう．例えば2次元分布の場合，標準ガウス分布は2次元空間の回転によって特徴づけられる．その密度関数 $p(x,y)$ は

$$p(x,y) = \frac{1}{2\pi} \exp\left[-\frac{1}{2}(x^2 + y^2)\right]$$

で明らかに分布は，(x,y) 平面の原点の周りの回転によって不変である．

一方，X, Y を独立な確率変数とし，(X,Y) の同時分布が原点の周りの2次元回転で不変なとき，(X,Y) は平均 $(0,0)$ の2次元ガウス変数で，X と Y は同じ平均値 0 の1次元ガウス分布に従う．このことは，次のようにしてわかる．同時分布が回転で不変なら，それぞれ x-軸，y-軸への周辺分布は同じ，すなわち X と Y は同分布である．その分布の特性関数を $\varphi(z)$ とし，(X,Y) の同時分布の特性関数 $\varphi(z_1, z_2)$ は分布の回転不変性より，$\phi(z_1^2 + z_2^2)$ と表される．よって

$$\varphi(z_1)\varphi(z_2) = \phi(z_1^2 + z_2^2)$$

となる．各関数の対数をとり（原点で 0 になる枝をとる），特性関数が原点で 1 になることに注意すれば，

$$f(x) + f(y) = g(x^2 + y^2),$$
$$f(0) = g(0) = 0$$

なる関数方程式に到達する．各関数の解析性は超関数の正則化を用いて保証される．これから $f(x) = cx^2$ が導かれ，再び特性関数の性質を用いて，ガウス分布の特性関数が得られる．

高次元標準ガウス分布も，若干の付加的条件のもとで，回転群によって特徴づけられることは同様である．それでは，いっそ無限次元にしたらどうなるであろうか？ 結果はやはり，無限次元回転群を使って特徴づけられることがわかっている．このとき，無限次元回転群の定義が問題になるが，それは我々のホワイトノイズ解析へのアプローチにおけるこれまでの経過をみるとき，吉澤尚明 (H. Yoshizawa) によるものが最適であると言える [108]．それを説明しよう．

パラメータは R^1 とする．ホワイトノイズの測度（分布）は R^1 上の超関数の空間の上に導入される．その空間は，テスト関数の空間 E の共役空間 E^* としてよい．ここに E は $L^2(R^1)$ で稠密な核型空間とする．

定義 6.1 核型空間 E の自己同型写像 g は，もし

(i) 線形で連続な写像であり，

(ii) $L^2(R^1)$-ノルムを変えないとき，

それを吉澤に従って E の**回転**という．

空間 E の回転の全体は，通常の積演算のもとで群（代数的な）をなす．この群にコンパクト-開位相を入れた位相群を **E の回転群**といい，$O(E)$ で表す．無限次元空間 E を特に指定しないときは，O_∞ と表し，**無限次元回転群**という．

註 ここでいう回転は，実は直交変換である．無限次元の場合は，有限次元のときと違って $\det g = 1$ が言えないが，実質回転の役割を果たすので，このような定義となった．

6.2 部分群のクラス分け

回転群 $O(E)$ は前述のように極めて大きな位相群であるので，一挙にまとめた性格は出しにくい．よって，その適当な部分集合，あるいは部分群を取

り上げ，それぞれ群としての特徴や解析における役割を見ていくことにする．

最初は，大まかに二つのクラスを取り上げる．クラス I とクラス II である．

クラス I.

基礎となる核型空間 E を，あるヒルベルト空間 H，例えば $H = L^2([0,1])$ の部分空間として，その完全正規直交系 $\Xi = \{\xi_n, n \in \mathbb{Z}\}$ を固定する．この座標系を使って回転の定義を見直す．すなわち $X_n = \langle x, \xi_n \rangle$ あるいは，それを $\langle \dot{B}, \xi_n \rangle$ としてよい．$g \in O(E)$ は

$$X_n \longrightarrow gX_n = \langle x, g\xi_n \rangle$$

として，座標ベクトルの変換を導く：

$$\{X_n\} \longrightarrow \{X'_n = gX_n\}.$$

このとき，可算個の変数のみが関与するので，可測性などは問題ない．こうして l^2 で考えるのと同じになる．

まず，自然数 n をとり $\{\xi_1, \xi_2, \ldots, \xi_n\}$ の張る n 次元部分空間を E_n とする．それは n 次元ユークリッド空間と同型である．この E_n に作用する回転群を G_n とする．$G_n \cong SO(n)$ である．

いま G_n の元 $\tilde{g}$ を $E_n^\perp$ で恒等写像と定義して，E の変換に拡張して，それを g とすれば，g は明らかに $O(E)$ の元となる．こうして，G_n を $O(E)$ の部分群として埋め込むことができる．それも同じ記号 G_n で表す．

いま，$m > n$ とし，射影 $E_m \to E_n$ に対応して単射

$$\pi_{m,n} : G_m \longrightarrow G_n$$

が自然に定義できる．$m > n > k$ ならば

$$\pi_{m,n} \pi_{n,k} = \pi_{m,k}$$

である．したがって，射影極限

$$\text{proj} \lim G_n = G_\infty$$

が $O(E)$ の中で定義され，G_∞ は $O(E)$ の部分群となる．

このように，完全正規直交系 Ξ を選んで，それを用いて定義できる $O(E)$ の部分群を**クラス I の部分群**という．そのような部分群は Ξ の選択に依存して決まるし，いくつも考えられる．したがってクラス I の部分群の種類は無数に存在する．

クラス I の部分群に関する限り，基礎のテスト関数の空間とする核型空間の関数 ξ は特に $\mathbf{R}^1$ で定義されている必要はない．個々にも自由性がある．実際，正規直交系があって，それを使って可算ノルムが定義できればよい．計算を具体化できることもあって，S^1 で定義された $\mathbf{C}^\infty$ 関数の作る核型空間 $\hat{\mathcal{D}}(\pi)$ を選ぶのが好都合である．

次元が無限になっただけでも，$n \to \infty$ で予想外のことも起こるが，単なる極限で済む場合と，いつまでも同じ状態が続く，先細りしない無限である場合とは，区別しなければならない．前述の群などには，この注意が必要である．以後も関連事項で述べることが多い．

以上は離散的な，すなわち空間 E の加算個の基底 $\{\xi_n\}$ によって定義される直交変換のなす群である．そこでは，有限次元回転群の種々の類似が見られるが，より重要なのは，有限次元的近似を許さない，いわば本質的な無限次元の性質を見ることができる．

近似法では，無限次元ラプラシアン（これにはいくつかの種類がある）の一つで，離散パラメータの場合の無限次元ラプラス–ベルトラミ (Laplace–Beltrami) 作用素を特徴づけている．

これまで述べた部分群は，おおまかに言って，有限次元の回転で近似できる変換群である．同じ離散的な変換でも，有限次元的な回転では近づけないものがある．基礎にとる空間の座標は無限個のすべてが同等であって，ヒルベルト空間のように座標軸は先細りしないような場合である．

例 6.1 簡単な例として，可算無限個の座標ベクトル a_n, $n \geq 0$, があって，a_{2k} と a_{2k+1} とを入れ替えるのは回転である．しかしこの変換は座標ベクトルについてみれば，k が大きくなっても同様な変換であり，先細りはしない．

G_∞ に続いて，興味深いクラス I の部分群を探そう．さらに，二つの例を述べる．

6.2. 部分群のクラス分け

例 6.2 レヴィ群.

$\hat{\mathcal{D}}(\pi)$ の可算ノルムを $\|\xi\|_n$ とする（この空間の定義は付録 A.4 にある）. $\|\xi\|_0$ は L^2-ノルムである.

正整数の順列 $\{\pi(n)\}$ を次のように定める.

正整数列 n_p; $p \geq 1$ が存在して, $n_1 = 1$ で

$$\lim_{p \to \infty} \frac{n_{p+1}}{n_p} = 1,$$

かつ

$$n_p \leq k < n_{p+1} \quad \text{ならば} \quad n_p \leq \pi(k) < n_{p+1}.$$

定理 6.1 このような π は E の回転 g_π を定める：$\xi \in E$ に対して

$$g_\pi : \xi = \sum a_n \xi_n \longrightarrow g_\pi \xi = \sum a_n \xi_{\pi(k)}.$$

証明 明らかに回転の条件の一つ

$$\|g_\pi \xi\| = \|\xi\|$$

は成り立つ. 問題は g_π の連続性である. $\frac{n_{p+1}}{n_p}$ が上に有界だから, ある正の定数 C が存在して, 任意の p に対して $\frac{n_{p+1}}{n_p} \leq C$ となる. したがって, $\hat{\mathcal{D}}(\pi)$ のノルムの性質より, 任意の n に対して以下の不等式が成り立つ:

$$\begin{aligned}
\|g_n \xi\|_n^2 &= \sum_{p=1}^{\infty} \sum_{k=n_p}^{n_{p+1}-1} a_k^2 \|\xi_{\pi(k)}\|_n^2 \\
&\leq \sum_{p=1}^{\infty} \sum_{k=n_p}^{n_{p+1}-1} a_k^2 \|\xi_{n_p+1}\|_n^2 \\
&\leq C_n \sum_{p=1}^{\infty} \left(\frac{1}{2} n_{p+1}\right)^{2n} \sum_{k=n_p}^{n_{p+1}-1} a_k^2
\end{aligned}$$

(C_n は n のみに依存する定数)

$$\begin{aligned}
&\leq C^{2n} C_n \sum_{p=1}^{\infty} \left(\frac{1}{2} n_p\right)^{2n} \sum_{k=n_p}^{n_{p+1}-1} a_k^2 \\
&\leq D_n \|\xi\|_n^2.
\end{aligned}$$

これから g_π の連続性がわかり，証明を終わる． □

この例は**レヴィ群**と呼ばれ，$\mathscr{G}$ とかく（図 6.1, 6.2 参照）．

また，レヴィ群に関連して理解される離散的な場合のレヴィ・ラプラシアンについては尾畑伸明および齊藤公明の興味深い貢献がある．

例 6.3 風車群（windmill 部分群）．

実質的にはレヴィ群の特別な場合である．自然数 p を固定する．E の部分空間 E_k, $k = 1, 2, \ldots$, を ξ_j, $kp \leq j < (k+1)p$, で張られる E の部分空間とする．G_k を E_k の p 次元回転とする．

$$\mathcal{W} = \prod_k G_k$$

とする．

定理 6.2 $\mathcal{W}$ は $O(E)$ の部分群である．

証明はレヴィ群と同様にできる．

定義 6.2 $O(E)$ の部分群 $\mathcal{W}$ を風車群という．

余談 この部分群 $\mathcal{W}$ を始めて紹介したのは 1993 年 7 月のことで，もう 20 年も前になるが，オランダのアムステルダムで開催された第 22 回「確率過程論とその応用」国際会議の折であった．周知のように，オランダは風車で有名であるので，意気込んで，ジェスチャーもよろしく，風車群 (windmill subgroup) といって，説明した．「大うけ」を期待した．しかし実際は no reaction! で拍子抜け！ 風車は，もう古い話なのであろうか？（報告者の英語のせい？ という声もあったが．）

クラス I というと，有限次元に近いという印象を与えるかもしれない．確かに G_∞ などは，有限次元近似が主な研究手法である．ところが，クラス I の元にも，直観的に有限次元近似では届かないと感じられるものがある．上の例 6.1–例 6.3 がそうである．そのような事実を定性的に表そうという試みもある．それは次に定義する**平均パワー**である．

定義 6.3 x を (E^*, μ) の元とし，$g \in O(E)$ とする．

$$\gamma(x, g) = \limsup \frac{1}{N} \sum_1^N \langle x, \xi_k - g\xi_k \rangle^2$$

を g の平均パワーという.

任意の $g \in O(E)$ と，ほとんどすべての x に対して $\gamma(x,g)$ は有限な値をとる．定義から，それは g が各座標をどれだけ動かすかを測る尺度のように考えられる．我々は，特に $\gamma(x,g) = 0$ の場合に注目する．$\gamma(x,g) = 0$ は g の作用があまり E を大きく動かしていないこと，すなわち E の有限次元的変動に近いことを表す一側面と理解できる.

例 6.4 として，$g \in G_\infty$ ならば，ほとんど確実に $\gamma(x,g) = 0$ であり，我々の期待と一致する．

また，風車群 $\mathcal{W}$ で $p = 2$ のときをみれば，簡単に $E(\gamma(x,g)) > 0$ がわかり，有限次元的でないという直感と一致する．

平均パワーは，その平均値 $\gamma(g) = E(\gamma(x,g))$ をとって，目的に応じることもある．

クラス II.

$\mathbf{R}^1$ を 1 点コンパクト化して $\bar{R}$ とする．$\bar{R}$ の微分同形 $\alpha(u), u \in \bar{R}$, によって ξ の変換

$$(g_\alpha \xi)(u) = \xi(\alpha(u))\sqrt{|\alpha'(u)|}$$

を定める.

基礎の核型空間を $D_0 = \{\xi(u);\ \xi(u),\ \xi(1/u)\frac{1}{|u|} \in C^\infty\}$（付録 A.4 参照）に選べば $\xi \in D_0$ のとき $g_\alpha \xi$ も D_0 の元となり，その写像は線形かつ連続で $L^2(\mathbf{R})$-ノルムを保存する．よって

$$g_\alpha \in O(D_0)$$

が示される.

以下，しばらく基礎の核型空間 E を D_0 にとる.

定義 6.4 $\bar{R}$ の微分同形 $\alpha(u), u \in \bar{R}$, によって定義される ξ の変換 g_α は**クラス II に属する**という.

註 関数空間 D_0 は核型空間として $C^\infty(S^1)$ と同型である．このことは位相群 $\mathrm{Diff}(S^1)$ のある部分群と，それに応じて決まる $O(D_0)$ のクラス II の部分群との対応をみることができる．詳細は別に述べる.

註 パラメータ空間を 1 点コンパクト化 $\bar{R}^1$ にしてまで回転を考えるのか？ すなわちなぜ無限遠点まで有限の所にある点の仲間に入れたいのか？ という疑問が起きよう．直観的に言えばクラス II の要素はホワイトノイズ $\dot{B}(t)$ の t を動かす役目をしている．これに加え，特に注目したいのは t の射影変換であるが，それを考慮すれば無限遠点も有限の点と同等に扱う必要がある．その立場から関数空間 D_0 の選択は自然であろう．

群 $O(E)$ には，特別な性格を持つ部分群がいくつもある．そのうち特に興味深いものは，ウイスカー（後に定義する）と呼ばれるもので，基礎のパラメータ空間 $\bar{R}^1$ の微分同型写像の 1-パラメータ系から導かれる $O(E)$ の部分群である．

そこには共形変換群など，身近な群と同型なものが見られ，群の構造から見られるホワイトノイズの特性は興味深いものがある．特に，有限個のウイスカーから生成される有限次元のリー部分群から導かれるリー環の構造をもとに，新しい事実を見出すことができた．例えば，time operator の新しい見方と理解もその一つである．その他，詳しいことは，このすぐ後でまとめて述べる．

通常のリー群の場合のように，複素化して，無限次元ユニタリ群を構成したが，そこには自由にフーリエ変換を用いることができて，量子ダイナミックスへの展開が自然な形となった．シュレーディンガー方程式のシンメトリーの表示にも応用することができた．

この方向の拡張としては，物理学的考察の助けを得て，新しくシンプレクティック群の利用を見出したことであろう．まだ新しい成果を得るまでにはなっていない．今後の発展が期待される分野であろう．

このように概観してみて，無限次元回転群はホワイトノイズに関連して，ごく自然な形で現れ，その特徴づけから，ホワイトノイズ解析の無限次元調和解析的側面を担当していることがわかる．以下，この事情を逐次できるだけ詳しく説明したい．

補足 これと対比して考えることができたのは，ポアソン・ノイズと対称群 $S(n)$ $(n \geq 1)$ およびその妥当な意味で定義した極限としての**無限対称群** $S(\infty)$ である．無限次元調和解析の一環として，無限次元回転群と対比して位置づけられるところである．そのためには，ポアソン・ノイズの特徴づけが先行する．しかしそれは本書の主題ではないので，詳論は省く．

すでに，調和解析について，若干の事実を述べた．以下本章では，ガウス型の場合，無限次元回転群 $O(E)$ をさらに詳しく調べて，それから出てくる調和解析に結びつけたい．$O(E)$ にコンパクト開位相を入れて位相群にしたが，便宜上，$O(E)$ を閉位相群にしておく．

群 $O^*(E^*)$ の要素 g^* は，各 $x \in E^*$ に作用するがホワイトノイズ測度 μ に関して，ほとんどすべての x は $\dot{B}(\cdot)$ の見本関数（実現値）とみなされるので，見本関数の変換として $g^*\dot{B}$ と書いてもよい．6.5 節で示すように，$g^* \in O^*(E^*)$ なら $g^*\mu = \mu$ は $\{g^*\dot{B}\}$ が $\{\dot{B}\}$ と同じ超過程である（分布が同じ；あるいは同じ特性汎関数を持つ）ことを意味する．このような役割を果たす回転群の働きを詳しく調べることはホワイトノイズ解析にとって極めて有意義で，重要なことである．

6.3 クラス II 部分群の持つ特性について

ブラウン運動もホワイトノイズも，よく知られていると思われているが，実際はまだ解明しなければならないことや未開発の分野が多く残されている．そのうち，特にホワイトノイズの持つ**不変性**と**双対性**を取り上げる．しばらく，以下の諸節において，無限次元回転群を用いて，それらの性質を調べるが，その一環として，ここでは，まず次の 3 点に注意する．

(1) 無限次元回転群はホワイトノイズ測度を特徴づけるので，その研究はホワイトノイズ解析に直結する．この群の研究のため，統一的な方向を目指すというよりは，むしろ新たな部分群または部分半群を探し出して，それぞれによる具体的な調和解析につなげることを試みる．

後節で扱う半群はクラス II に属するもので，連続半群であるが，そこには新たな双対性も見られるので，1-パラメータ群にかかわらず，半群にまで広げて考察する．

同じく回転群の部分群に関連して派生する興味深い話題として次のことを扱う．

(2) ホワイトノイズ解析における，いわゆるデジタル（離散）からアナログ（連続）への移行や両者の区別は到る所で現れるが，回転群のクラス I とクラ

スIIの部分群の特性の比較でそれが顕著にみられる．前者は有限元回転の極限（広い意味で）としてみられるが，後者は本質的に連続無限的で，前者から後者への移行のあり方に注目したい．そこには興味深い多くの現象が見られる．その解析的，かつ確率論的特徴に注目したい．これは次の項目 (3) および 6.8 節においても議論することである．その量子ダイナミックスとの関連にも注意する．

(3) ホワイトノイズ解析の様式は，基礎とする核型空間 E の選択に依存する．また，それを含むヒルベルト空間の選択に多くの自由性があり，さらにそれを一つ決めたとしても，$O(E)$ のクラス I の部分群を定義するときには，基本になる完全正規直交系 $\{\xi_n\}$ の選択も考えなければならない．

まず，核型空間，ついで完全正規直交系の順で考えよう．

基礎の空間 E として付録で，詳しい構造を説明している空間 D_0 を選びたい．

前にも述べたように次の同型対応がある：

$$D_0 \cong D(S^1).$$

ここで $D(S^1)$ は単位円周 S^1 上の C^∞-関数の作る空間で，位相は，すべての階数の導関数が存在するとして，それら導関数の L^2-ノルムによって決める．すなわち写像 $\gamma : \xi \in D(S^1)$ に対して

$$\gamma : \xi(\theta) \longrightarrow f(u) = (\gamma\xi)(u) = \xi(2\tan^{-1} u)\frac{\sqrt{2}}{\sqrt{1+u^2}} \tag{6.1}$$

によって D_0 が決められる．結果として，二つの空間は，ともに核型空間になる．

話を具体的に固定するため，今後基礎の空間は，主として D_0 にとるが，後に都合により，半直線上の関数空間である D_{00} をとることもある．それは必要になったときその都度説明する．

基礎の空間 D_0 をとるのはいくつかの理由がある．まず，S^1 上の関数と対応がつくので，取扱いが容易になる．また無限遠点での行動が記述できること，したがってパラメータ空間の射影変換が扱えることなどがある．さらに重要なことは，以下に詳しく述べるように，いわゆるデジタルとアナログを

6.3. クラス II 部分群の持つ特性について

つなぐ一つの具体的なルートを示すことができるのである．勿論そこに，アナログであるために見られる特殊な性質も出てくる．

ここで，一つの解説を述べる．デジタルとアナログをつなぐ一つのルートである．

可算ヒルベルト核型空間を決めるのに，基本にとるヒルベルト空間がある．$D(S^1)$ に対しては $L^2(S^1)$ であろうが，それを $L^2([0,1])$ に置き換える．そこでの完全正規直交系を $\{\xi_n\}$ とする．

以下の話は主としてレヴィの結果による．[56] 参照．次の 2 種類の関数を導入する：

$$\Phi_n(s,t) = n^{-1} \sum_1^n \xi_j(s)\xi_j(t), \tag{6.2}$$

および

$$\Phi_n(t) = \Phi_n(t,t). \tag{6.3}$$

簡単な計算で

$$\iint_{[0,1]^2} \Phi_n(s,t)^2 \, ds \, dt = \sum_1^n n^{-2} = O(n^{-1})$$

がわかる．よって $\Phi_n(s,t)$ は $L^2([0,1]^2)$ において 0 に近づく．

ところが $\Phi_n(t)$ の方は簡単にはいかない．期待されるのは 1 に収束することである．その種明かしは有限次元ユークリッドベクトル空間の基（正規直交ベクトル）との類似を期待しているからである．すなわち d 次元ベクトル空間では，基ベクトルを座標で表せば $\mathbf{a}_j = (a_{j,k}, k = 1, 2, \ldots, d)$ となろう．これが正規直交系をなす条件は

$$(*) \qquad \sum_j a_{jk} a_{ji} = 0, \quad k \neq i,$$

および

$$(**) \qquad \sum_j a_{jk}^2 = 1$$

である．これらが $\{\xi_j(t)\}$ が $L^2([0,1])$ で正規直交系をなす条件 $(*)$ および $(**)$ に対応する．大胆なデジタルからアナログへの移行とみられる．

また $\xi_j(t)$ にもどり $\Phi_n(t)$ を調べる．期待されるのは $\lim \Phi_n(t) = 1$ であるが，これは強すぎる主張である．そこで

$$\lim_{n\to\infty} \int_0^1 |\Phi_n(t) - 1|\, dt = 1 \tag{6.4}$$

を要求する．

定義 6.5 $\Phi_n(t)$ が上の (6.1) を満たすとき，完全正規直交系 $\{\xi_n\}$ は**一様に稠密** (equally dense) であるという．

これがアナログへの一般化として好ましい性質であることは理解できるであろう．ただし，そこには注意深い観察が必要である．例と反例を述べる．

例 6.5 ξ_n を次のように定義する：

$$\begin{aligned}\xi_0 &= 1, \\ \xi_{2n} &= \sqrt{2} \cos 2\pi nt, \quad n = 1, 2, \ldots, \\ \xi_{2n+1} &= \sqrt{2} \sin 2\pi nt, \quad n = 0, 1, \ldots.\end{aligned}$$

そうすれば，

$$\Phi_{2n+1}(t) = 1$$

であり，また

$$\Phi_{2n}(t) = 1 + \frac{1}{2n} \cos 4nt\pi$$

となる．これから，上の系は一様に稠密であることが示される．

例 6.6 ［反例］系 $\{\xi_n\}$ は一様に稠密であるとする．また，$\alpha(u)$ は $[0,1]$ から $[0,1]$ の上への滑らかな一意写像であるとする．そのとき，

$$\eta_n(u) = \xi_n(\alpha(u))\sqrt{|\alpha'(u)|}$$

で定義される $\{\eta_n\}$ は，やはり完全正規直交系であるが，$\alpha(u) \equiv u$ または $\equiv 1 - u$ 以外は一様に稠密ではない．

6.3. クラス II 部分群の持つ特性について

例 6.7 ガトー微分.

ホワイトノイズの 2 次形式で正規形式 $\varphi_r(x)$ と正則形式 $\varphi_n(x)$ をとる.それらの S-変換をそれぞれ $U_r(\xi) = \iint_{[0,1]^2} F(u,v)\xi(u)\xi(v)\,du\,dv$ および $U_n(\xi) = \int_0^1 f(u)\xi(u)^2\,du$ とする.F および f は連続と仮定しよう.

回転群のクラス I の部分群,あるいはデジタルの立場で決まる微分作用素 ∂_n,すなわちガトー微分 ∂_n をそれぞれ $U_r(\xi)$ と $U_n(\xi)$ に作用させる.

$$\partial_n U_r(\xi) = 2\int_0^1\int_0^1 F(u,v)\xi(u)\xi_n(v)\,du\,dv.$$

もう一度 ∂_n を作用させて

$$2\iint F(u,v)\xi_n(u)\xi_m(v)\,du\,dv$$

が得られる.

デジタルの場合のレヴィ・ラプラシアン $\Delta_L = \lim \frac{1}{N}\sum_1^N \partial_n^2$ を作用させれば,

$$\Delta_L U_r(\xi) = 0$$

となる.すなわち調和汎関数である.

同様に計算して

$$\Delta_L U_n(\xi) = 2\int f(t)\,dt$$

となる.今 S-変換をした上での計算であるが,もとの 2 次形式にもどして,上の結果を表現することは簡単である.そうした後にアナログの場合のレヴィ・ラプラシアン $\Delta_L = \int_0^1 \partial_t^2\,(dt)^2$ を作用させてみると,正規,正則 2 次形式に関する限り,同じ結果となる.回転群の言葉で言えばクラス I とクラス II との同一性,あるいは,デジタルからアナログへの変換でラプラシアンは 2 次形式に限れば等価であるといえる.より一般の汎関数についても同様であろうと推測される.

再びクラス II の部分群の特徴にもどる.クラス I の場合,その解析的な扱いは,ランダムを意識することは少ない.すなわち,実変数関数の解析に類似のことが多く,近づきやすい.これに反してクラス II のときは,思いがけない事実に遭遇することが多いし,それだけに興味も深い.以下,しばらく

クラス II に重点を置くことにする．なお，この視点は重要であり，そのことがあるためにクラス II を設定したのが実情といえる．上で「デジタルからアナログへ」という内容のスムーズな移行の特別な例を挙げた．また別な側面もある．

各クラスはそれぞれ部分群を持つ．以下特にクラス II の部分群で 1-パラメータ群をなし，t の添数を持つものを g_t と表そう，これに注目する．その理由は，回転群 $O(E)$ の個々の要素を取り上げても，それは孤立したものにすぎないが，t とともに動くような系には，何らかの動きに応じた構造が入る．その構造を利用して，ホワイトノイズの詳しい性質を調べることができる．

ここで，一般的なことを述べておく．

命題 6.1 $O(D_0)$ は $\mathrm{Diff}_+(S^1)/\mathrm{Rot}(S^1)$ のある部分群 G と同型になる．

証明 ノルムを比較する．$E = D_0$ とすれば $O(E)$ の元は L^2-ノルムを変えない．前述の (6.1) で定めた変換 γ を用いよう．そのとき $f = \gamma\xi$ に対して
$$\int_{-\infty}^{\infty} f(u)^2 \, du = \int_{-\pi}^{\pi} \xi(\theta)^2 \, d\theta$$
が成り立つ．ゆえに $g \in \mathrm{Diff}(S^1)$ は g が $L^2(S^1)$-ノルムを保存するとき，しかもそのときに限り $O(E)$ のメンバーに対応する．これから結論が出る．

6.4 ウイスカー

前節で用いた写像 γ は核型空間 $D(S^1)$ から D_0 への写像であったが，両者の定義する無限次元回転群の写像も定義していると考えられる．それも同じ記号 γ で表す．

クラス II の元からなる $O(D_0)$ の部分群 U で
$$U = \gamma(G)$$
となるものをとる．ただし G は前節の命題 6.1 によって定まるものとする．

定義 6.6 U の連続な 1-パラメータ部分群 $g_t, t \in \mathrm{R}^1$ は
$$(g_t)(\xi)(u) = \xi(\psi_t(u))\sqrt{|\psi_t'(u)|} \tag{6.5}$$

のように表されるとき**ウイスカー**（俗称「ひげ」）と呼ぶ．

ウイスカーと言うわけは後の図 6.1 を見れば納得されよう．

部分群 $g_t, t \in \mathbf{R}^1$, が群の性質を持つことから

$$\psi_t \cdot \psi_s = \psi_{t+s},$$
$$\psi_0 = 恒等写像$$

が成り立つ．

ここで，関数 $\phi_t(u)$ について次のような二つの仮定をする．

(i) (t, u)-可測である．

(ii) t および u について狭義単調関数で u について連続である．

これらが妥当な仮定であることは理解されよう．このとき [2] によって，$\psi_t(u)$ は単調関数 f により次のように表されることが証明される．

$$\psi_t(u) = f^{-1}(f(u) + t). \tag{6.6}$$

これで，ウイスカーはただ一つの単調関数で表現されることがわかり，ウイスカーの（一見）単純な取扱いが可能となった．

このような取扱いが可能なウイスカーの集合を W と書く．

集合 W が生成する $O(E)$ の部分群もまた同じ記号 W で表す．混乱はないであろう．

部分群 W の詳細な性質を論ずる前に，いくらかの説明が必要である．それは第一に，クラス II に属するものとしての特性の解説であり，それはクラス I と比較すればわかりやすい．

クラス I に属する $O(E)$ の元は E の関数系で $L^2(\mathbf{R}^1)$ の正規直交系 $\{\xi_n, n \in \mathbf{Z}\}$ に依存して決まるといった．それは，ホワイトノイズ $\dot{B}(t)$ を「ならす」ために使って

$$X_n = \dot{B}(\xi_n) = \int \dot{B}(t)\xi_n(t)\,dt$$

が定義できる．結果として，独立な $N(0,1)$ に従う確率変数列の話になるが，それは系 $\{\xi_n\}$ に依存した議論になる．例えば，一様に稠密な系であるか否か

に関係する．また，ならしで時間を表すパラメータ t を消してしまっているので，時間進行に応じた解析や処理をする因果的な解析 (causal calculus) のためには，マイナスの面が大きい．そこでの違いは，離散パラメータから連続パラメータへ，あるいはデジタルからアナログへの移行を考えるときにも本質的な違いとして現れる．さらに汎関数導入にあたり，アナログでは，しばしば「くりこみ」が必要になるのである．

これもまた復習になるが，アナログの立場では系 $\{\dot{B}(t), t \in \mathrm{R}^1\}$ そのものを基礎に置くことで，連続無限を扱うという重要な視点がある．基礎に置いた系はヒルベルト空間 $H_1^{(-1)}$ における連続無限個の一次独立なベクトルである．そのような性質を持つベクトルの系は通常のヒルベルト空間には存在しない．無理に（?）H_1 のベクトルと理解しようとすれば長さは無限大（!）のベクトルの系になってしまう．[94] 参照．因みに $\dot{B}(t)$ の $H_1^{(-1)}$ における長さは $e^{it\lambda}$ のソボレフ空間 $K^{(-1)}(\mathrm{R}^1)$ におけるノルム，すなわち $\int \frac{|e^{it\lambda}|}{1+\lambda^2} d\lambda = \pi$ の平方根 $\sqrt{\pi}$ で，有限である．これは，いろいろな事実を示唆する．時間のパラメータ t が健在であること，クラス II，特にウイスカーとの関連が大事であることなど，折に触れて思い出すであろう．

ウイスカー自身の話にもどる．

系 W の元，$\{g_t, t : 実数\}$ をとる．それはまた $t \in \bar{R} = R \cup \infty$ をパラメータ集合に持つ微分同型写像の系 $\{\psi_t(u)\}$ によって (6.6) のように定義される．

さらにウイスカーのクラスを制限して詳しい性質をみよう．我々はウイスカーのなす $O(E)$ の部分群で，かつ局所リー群をなすものを扱いたい．話を具体化するため，基礎の核型空間 E は再び D_0 とする．

その空間において，ウイスカーの作る部分群で，興味深い性質を持ち，かつすでによく知られている場合を復習しておこう．それらの具体的な構成法を踏襲して，さらに次の有意義なウイスカーの発見に向かいたい．

具体的な手法は 1-パラメータ群としてのウイスカーの**生成元**を求めることである．ウイスカー g_t の生成元 α とは

$$\alpha = \frac{d}{dt}g_t\bigg|_{t=0}$$

を意味する．ここで t についての微分は g_t を D_0 に働く線形作用素に関する強位相によるものとする．

$\{\psi_t(u), t \in \mathbb{R}\}$ については,本節の始めに述べたようなことから,(6.6)で表される.

そこで t を $\mathbb{R}^1$ 上で動かしたとき 1-パラメータ部分群ができる.この表現式を用いて,その (infinitesimal な) 生成作用素 α の具体形を求めよう.もし f が微分可能であれば α は次式のような形になる.

$$\alpha = a(u)\frac{d}{du} + \frac{1}{2}a'(u), \tag{6.7}$$

ただし

$$a(u) = f'(f^{-1}(u)). \tag{6.8}$$

これらの式を頼りにして,有意義なウイスカーを探した.最も重要なウイスカーはシフトであることは誰しも認めるところである.それは 1 次元ユークリッド空間の運動である.シフトを習慣により $S_t, -\infty < t < \infty$,と書けば

$$S_t \xi(u) = \xi(u - t)$$

である.生成元 s は

$$s = -\frac{d}{du}$$

と計算される.これが α の具体形である.

この s を規準にして,それと好ましい関係にある生成元を求めよう.それはシフトと良い関係にあるウイスカーを見つけることに他ならない.ウイスカー相互の関係をみるのに,生成元による方法がウイスカー自身より簡単で明快であることは論をまたない.

我々はすでに,シフトから出発して,確率論的に興味深い三つのウイスカーがあることを知った.([30] 第 5 章参照..) それらは $a(u)$ がそれぞれ

$$a(u) = 1, \quad a(u) = u, \quad a(u) = u^2$$

の場合である.

それらが決めるウイスカーの生成元は,それぞれ s, τ, κ と書き,次の式で与えられる:

$$s = \frac{d}{du},$$

$$\tau = u\frac{d}{du} + \frac{1}{2},$$
$$\kappa = u^2\frac{d}{du} + u.$$

これらの生成元は，それぞれ一意的にウイスカーを定義する．確率論の言葉で補足すれば，s はブラウン運動の「流れ (flow)」を定義するし，τ はオルンシュタイン–ウーレンベックのブラウン運動に対応する．これらの確率過程論的な説明は，$O(E)$ の元 g の共役作用素 g^*（それは E の共役空間 E^* に作用する）が，E^* 上のホワイトノイズ測度 μ を不変に保つことを用いて与えられる．ついでながら g_t^* なら，t を時間のパラメータと見て，定常過程が対応することになる．これについての詳しいことは，このすぐ後で議論する．

また三つの生成元の作る（張る）ベクトル空間は上の式を使って交換関係 $[\cdot,\cdot]$ が決まり，リー環になるが，それは，よく知られた $sl(2,R)$ と同型になる．そのことからも推察されるが，対応する線形群 $PSL(2,R)$ を見て，$\bar{R}^1$ の射影変換が考えられる．ブラウン運動（正確には，正規化した固定端ブラウン運動）の**射影不変性**を示すことが知られる．このような興味深い性質を導くことを可能にするため，基礎の核型空間をシュワルツ空間でなく，好都合な D_0 にしているのである．

上記の $a(u)$ の形をみて，さらに u について高次の多項式を $a(u)$ として考えたいとしても期待通りの適当なウイスカーはみつからない．可能性としては，

(i) $a(u)$ を多項式でなく，より一般なものにとるか，

(ii) u を多次元にするか，

(iii) 1-パラメータ群であるウイスカーをあきらめて，少し条件を弱めて，1-パラメータ半群，すなわち半ウイスカーとなるものを探すか，

といった 3 方向の発展が考えられる．

(i) と (iii) に関連しては，節を改めて 6.7 節で詳しく述べる．実際，(ii) についてはごく自然な多次元への発展がある．1 次元のとき s,τ,κ の生成するリー環は特殊共形変換群 (special conformal group) に対応するので，高次元，例えば d 次元，の u に対しては，やはりその次元の共形変換群が期待さ

6.4. ウイスカー

れる. それを簡単に述べよう. 2次元は当然別扱いになり省略するが.

シフトは多次元（d次元）なら, 生成元の基として $s_j, 1 \leq j \leq d$, があり

$$s_j = -\frac{\partial}{\partial u_j}, \quad 1 \leq j \leq d,$$

となる.

拡大 (dilation) は d 方向に等方向的 (isotropic) となり, 生成元は

$$\tau = (u, \triangledown) + \frac{1}{2}d$$

である.

1次元のときの κ の d 次元版は

$$\kappa_j = 2u_j(u, \triangledown) - |u|^2 \frac{\partial}{\partial u_j} + du_j, \quad 1 \leq j \leq d,$$

である.

多次元空間であるため, 回転が加わる. (j, k) 平面の回転の生成元は $\gamma_{j,k}$ は次のような形となる. $j \neq k$ で

$$\gamma_{j,k} = u_j \frac{\partial}{\partial u_k} - u_k \frac{\partial}{\partial u_j}.$$

各生成元はウイスカーを生成し, それらウイスカーが生成する線形群を $C(d)$

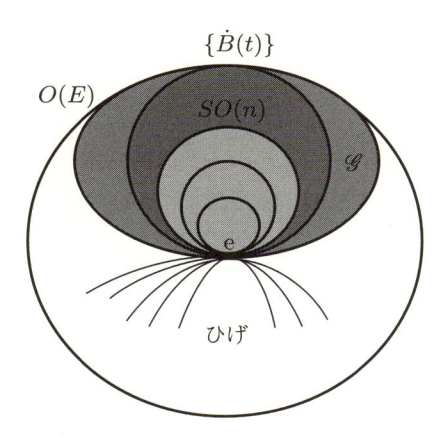

図 **6.1** 無限次元回転群. $\mathscr{G}$ はレヴィー群.

と記す.それは $SO(d+1,1)$ と同型になる.なお,$C(d)$ の岩沢分解を

$$C(d) = KAN$$

と書けば,A は等方向拡大に相当する.この各因子の確率論的な作用を考えることは興味深い.

6.5 共役回転群 $O^*(E^*)$

ウイスカーを一般化する前に,無限次元回転群 $O(E)$ に呼応して,その共役回転群を扱う.

任意の $g \in O(E)$ は核形空間 E に作用する連続な線形変換である.E には共役空間 E^* があって,両者を結ぶ連続な標準双一次形式 $\langle x, \xi \rangle$,$x \in E^*$,$\xi \in E$,がある.したがって,g の定義から $\langle x, g\xi \rangle$ は ξ の連続な線形汎関数になる.よってある E^* の要素 $x(g)$(g と x に依存する)が存在して

$$\langle x, g\xi \rangle = \langle x(g), \xi \rangle$$

と書くことができる.この $x(g)$ は x について線形関数であり,g について群演算を保存する.よって

$$x(g) = g^* x$$

と書くことができる.すなわち,通常の意味で g^* は E^* に作用する線形作用素であって,g の共役作用素と理解できる.当然 g^* は g に対して一意的に定まる.さらに

$$(g_1 g_2)^* = g_2^* g_1^*$$

が成り立つ.その他の自明な性質と併せて,

$$O^*(E^*) = \{g^*;\ g \in O(E)\}$$

とおくとき,$g \in O(E)$ に対して $(g^*)^{-1} = (g^{-1})^*$ を対応させて,$O^*(E^*)$ は群をなすことがわかり,代数的な意味での同型対応

$$O^*(E^*) \cong O(E)$$

が示される.さらに,これに呼応して,$O(E)$ のコンパクト-開位相も $O^*(E^*)$

に移せば，上の代数的同形対応は，位相群としての同型でもあることがわかる．

この共役回転群の最も重要な性質は，その各元がホワイトノイズ測度 μ を不変にすることである．詳しく言えば，まず，g^* は E^* に作用するが，可測空間 $(E^*, \mathcal{B})$ に働く可測変換である．それは，$\mathcal{B}$ は筒集合（有限個の $\langle x, \xi_j \rangle$，$1 \leq j \leq n$，が定める E^* の部分集合）から生成される完全加法族であり，g^* は筒集合を筒集合に移すことから示される．またその μ に対する作用は

$$d(g^*\mu)(x) = d\mu(g*x)$$

で定義される．そこで $g^*\mu$ の特性汎関数 $C_g(\xi)$ を調べてみよう．

$$\begin{aligned} C_g(\xi) &= \int_{E^*} e^{i\langle x, \xi \rangle} d(g^*\mu)(x) \\ &= \int_{E^*} e^{i\langle (g^{-1})^* x, \xi \rangle} d\mu(x) \\ &= C(\xi). \end{aligned}$$

これから次の結論が得られる．

定理 6.3

$$g^*\mu = \mu. \tag{6.9}$$

さらに $O^*(E^*)$-不変な $(E^*, \mathcal{B})$ 上の確率測度でエルゴード的なものは，分散を一般にして，ガウス測度に限る．

[104] 参照．

ここで有限次元測度との類似をみるのも有意義であろう．

直観的観察 有限次元ユークリッド空間 $\mathbf{R}^n$ 上の確率測度で，原点のまわりの回転で不変であり，かつエルゴード的（その台が最も経済的！）なものは，明らかに原点を中心とする球面の上の一様な確率測度である．そのことは次元 n が何であろうと，同じことである．

そこで，いっそ $n \to \infty$ としたら（無限次元解析の立場からの自然な問いかけ！）どうなるであろうか？ 大きな n に対して，半径 r_n の n 次元空間上の点 $(x_1, x_2, \ldots, x_n)$ は

$$\sum_1^n x_i^2 = r_n^2$$

を満たさなければならない．各座標が一様性を持つようにするならば r_n は $\sqrt{n}$ のオーダーでなければならない．そこで，半径が，ちょうど $\sqrt{n}$ である球面 $S^n(\sqrt{n})$ 上の一様な確率測度を μ_n とする．この測度の1次元への射影を考える．その1次元測度の微小区間 $[x, x+dx]$ における測度は

$$\frac{(n-x^2)^{(n-3)/2}dx}{\int_{|x|\leq\sqrt{n}}(n-x^2)^{(n-3)/2}dx}$$

となり，これは近似的に

$$\frac{1}{\sqrt{2\pi}}e^{-x^2/2}\,dx$$

である．すなわち標準ガウス分布になる．どの座標についても同様な測度が得られる．しかも多次元（有限次元），例えば d 次元への射影なら d 次元標準ガウス分布が得られる．

直観的な言い方をすれば μ_n の $n\to\infty$ の極限がホワイトノイズ測度であるように見える．このような事情の説明は [52] の Note を簡略化したものになろう．このあたりの事情のやや詳しい説明は [37] または [35] を参照．

ところが，短絡して，$O^*(E^*)$ が回転群 $SO(n)$ と同型な部分群 G_n^* の何らかの意味での極限ではなかろうかと推測するのは G_∞ のときのように，それは誤りである．実際 $O(E)$ 内で $SO(n)$ に同型な部分群 G_n をとり，$m>n$ として

$$\pi_{m,n}^*: G_m^* \longrightarrow G_n^*$$

が consistent になるようにして定義した射影極限

$$\operatorname*{proj\,lim}_{n\to\infty} G_n^* = G_\infty^*$$

は $O^*(E^*)$ のごく一部分を占めるに過ぎない（既出の G_∞ と同様）．

ところで，G_∞^* より広いがクラスIに属する $O(E)$ の部分群の共役群に関する調和解析は，離散パラメータホワイトノイズの関数と同様に，興味は少ない．

以後，クラスIIの部分群の共役群に重点を置いて議論することにしよう．

まずウイスカー g_t を取り上げる．g_t^* は μ-測度を変えない 1-パラメータ群になり，t について連続である．明らかに次の命題が成り立つ．

6.5. 共役回転群 $O^*(E^*)$

命題 6.2 $g_t^* x$, $x \in E^*$, は (t, x) の可測関数である.

E^* 上の点変換であった g_t^* は集合の変換に移る. そこで, $g_t^* B$, $B \in \mathcal{B}$, は $(t, \mathcal{B})$-可測である. いま

$$(U_t \varphi)(x) = \varphi(g_t^* x) \tag{6.10}$$

によって U_t を定義する. $(L^2) = L^2(E^*, \mu)$ とする.

定理 6.4 U_t, $t \in \mathrm{R}^1$, は (L^2) 上の 1-パラメータユニタリ群をなし, t について連続である.

証明 U_t がユニタリ作用素になることは g_t^* が μ 測度を変えないことから示される. g_t がウイスカーだから U_t は 1-パラメータ群になる. t についての連続性は前命題の可測性からわかる.

連続な 1-パラメータユニタリ群にはストーン–ヘリンガー–ハーンの定理が成り立つ. この定理は我々のホワイトノイズ解析において, しばしば有効に応用されるので, アイディアを説明しよう.

g_t, $-\infty < t < \infty$ をウイスカーとする. この時定義から $g_t^* x$, $x \in E^*$ は, すでに示したように (t, x)-可測な μ 測度を変えない変換の 1-パラメータ群である. また, すでに論じたように

$$(U_t \varphi)(x) = \varphi(g_t^* x)$$

で定義される U_t は (L^2) に作用するユニタリ変換となる.

こうして g_t^* の性質から次のことが導かれる.

$$U_t U_s = U_{t+s}, \quad t, s \in \mathrm{R}^1,$$
$$\lim_{t \to 0} U_t = I.$$

ただし I は恒等写像である.

こうして, よく知られたストーン–ヘリンガー–ハーンの定理が適用できる. 今の場合, その内容を, 我々の当面する場合に限定して述べる. 基礎となるヒルベルト空間は $\mathcal{L} = (L^2) \ominus 1$ で, それは可分である.

まず，U_t のスペクトル分解である：
$$U_t = \int e^{it\lambda}\,dE(\lambda).$$
$E(\lambda)$, $-\infty < \lambda < \infty$, は単位 I の分解である．$E(\lambda)$ は右連続で各 $E(\lambda)$ は自己共役であり
$$E(\lambda)E(\mu) = E(\lambda \wedge \mu),$$
$$E(\infty) = I, \quad E(-\infty) = 0$$
を満たす．

一般の場合，$E(\lambda)$ は点スペクトルと連続スペクトルを持つが，T_t による場合は点スペクトルは持たないとする．したがって連続スペクトルのみである．その条件のもとでヒルベルト空間 (L^2) は可算個の部分空間，実際各々は**巡回部分空間** (cyclic subspace) に分解される．その分解は次のようになる：(L^2) に可算個のベクトル $\{f_n,\ n = 1, 2, \ldots\}$ が存在して，$d\rho_n(\lambda) = \|dE(\lambda)f_n\|^2$ とするとき，ボレル測度 $d\rho_n$ は単調非増加列をなす：
$$d\rho_n \gg d\rho_{n+1}$$
となる．また $\{dE(\lambda)f_n,\ \lambda \in \mathbf{R}^1\}$ から生成される部分空間を $\mathcal{L}(f_n)$ とするとき (L^2) は
$$\mathcal{L} = \sum_n \bigoplus \mathcal{L}(f_n)$$
と直和分解される．

このような分解はユニタリ同値を除いて一意的である．

したがって次の定義が可能である．

定義 6.7

(i) $N = \max\{n\colon d\rho_n \neq 0\}$ を $\{U_t\}$ の，または $\{E(\lambda)\}$ の**重複度** (multiplicity) という．

(ii) 一意に決まる測度列 $\{d\rho_n\}$ のタイプを U_t の**スペクトルタイプ**という．

このような定義ができることは意義深い．各巡回部分空間は，ある意味で「素」

なものである．それぞれは二つに分けて重複度を上げることはできないのである．

これらの詳しい説明は文献 [30] および [105] に譲る．

6.6 リー代数

クラス II の部分群を探すといっても，始めは，やはり 1-パラメータの構造を持つものを頼りにしていきたい．1-パラメータ部分群にはウイスカーの場合に知ったように，その特徴づけをする生成元を利用したい．特に，生成元どうしの相互関係は，それらのペア毎の交換関係，すなわち「リー積」で表されて好都合である．例えば，前に述べた三つの生成元 s, τ, κ の場合は

$$[s, \tau] = s,$$
$$[\tau, \kappa] = \kappa,$$
$$[\kappa, s] = 2\tau$$

であり，それらは 3 次元のリー環を生成する．基底は s, τ, κ ととることができて，構造定数も上記の表からみられるように，きれいに並んだ $-1, 1, 2$ である．

そのリー環は $sl(2R)$ と比較できた．そのことによって三つのウイスカーの果たす解析的，確率論的役割も，知ることができる．

シフトは，よく知られたブラウン運動の流れを定め，対応する U_t のスペクトルタイプは「可算ルベーグ」である．

τ は，オルンシュタイン–ウーレンベック過程（ガウス–マルコフ定常過程）を決める．その過程は，ランジュバン方程式の解である．

この環全体として，ブラウン運動（詳しく言えば，正規化した固定端ブラウン運動）の**射影不変性**を示している．

それら生成元に対応する三つのウイスカーが elemental で，有意義なことから，

(a) この 3 次元リー環を規準にして，

(b) より一般の 1-パラメータ部分群を探していくことに弾みがついた．それ

を実行するために，まず 6.4 節の生成作用素の式 (6.4) を思い出そう．以下，そこでの関数 $a(u)$ は $\mathbf{C}_1$ クラスの関数と仮定する．

$$\mathbf{D} = \left\{ \alpha_a = a(u)\frac{d}{du} + \frac{1}{2}a'(u),\ a \in \mathbf{C}_1 \right\}$$

により微分作用素 α_a の系を定義しよう．また，そこに用いられる関数 $a(u)$ の系について積の演算 $\{a,b\} = ab' - a'b$ を導入する．

命題 6.3 任意の α_a と α_b に対して

$$[\alpha_a, \alpha_b] = \alpha_{\{a,b\}},$$
$$[\alpha_a, \alpha_b] = -[\alpha_b, \alpha_a]$$

が成り立つ．

命題 6.4 系 $\mathbf{D}$ はリー環を生成し，基となる．そのリー環には単位元はない．

上の命題で定まるリー環を $\mathbf{L}$ と書く．この $\mathbf{L}$ は次節で用いる．全体の構造について，今は満足すべき説明はできないが，そのいくつかの部分環にはそれぞれ興味深い性質を見つけることができる．それらについては節を改めて説明したい．

6.7 半ウイスカー

本節の内容は主に [38] によるが，いくらか改良も含む．

前節で導入した環 $\mathbf{L}$ の任意の元がウイスカーの生成元になるとは限らないが，その部分環で 1-パラメータ**半群**の生成元となるものがあり，それらが系をなしているものが見つかった．それは次のような形をしている

$$\alpha^p = u^{p+1}\frac{d}{du} + \frac{p+1}{2}u^p. \tag{6.11}$$

ここで p は整数であることは要求しない．なお上式で u のベキを見れば，一般のウイスカーの場合の $a(u)$ と付加的な関数 $\frac{1}{2}a'(u)$ との関係と同じである．

u のベキが整数と限らず，任意ベキにしているため，自然に，u が非負の実数であることが要求される．

6.7. 半ウイスカー

　本節において，ウイスカーについての成果を，できるだけ保存し，かつ新しい 1-パラメータの回転群の系で，よりよくホワイトノイズの特性を反映するものを発見したい．

　発見の手法は，生成元によることは前と同じである．6.4 節で 3 次元のリー環を得たとき，生成元として $a(u)$ は u の多項式にとり，最も基本であるブラウン運動に対応する u の 0 次式 $(a(u) = 1 \,(= u^0))$ から始めて，1 次 2 次のベキと進んだが 3 次以上は適切なものが見つからず，この方向はあきらめざるを得なかった．しかし，現在も，まだ $a(u)$ として u のベキをとることに未練がある．交換関係とか，1-パラメータにするときの関数 f が自然に求まることなどいろいろと好都合となる理由がある．そこで 6.3 節の α^p の定義式 (6.7) を見よう．当然 p は整数とすることをあきらめる．(α^p と記すのは後の関係式の表現の都合である．)

　指数 p が非整数の場合を考慮すれば，当然 u は非負の値に限定せざるを得ない．パラメータ空間は $[0, \infty)$ となる．基礎の核型空間 E は D_{00} とするが，それは $[0, \infty)$ 上の十分滑らかな関数からなるものとし，やはり D_0 と同型，結局は $C^\infty(S^1)$ に同型なものとする．詳しくは付録 A.5 を参照のこと．

　このような準備のもとで，懸案の

$$a(u) = u^{p+1}$$

に対応する 1-パラメータ半群 g_t を $O(E)$ のクラス II に属する半群として導入する．

　すでにみたように u のベキ 1 は規準になるが，例外でもある．このとき，u は全直線 R を動くことができて，完全なウイスカーになる．それは生成元 τ を持つものであった．また，以下では都合上 $p = 0$ の場合を例外扱いとする．

　ウイスカーを決めるときの関数 $\psi_t(u)$ を表すのに用いた $f(u)$ や $a(u)$ の関係や生成作用素 α などの相互関係を思い出そう．それらの関係は u が R^1 を動くときと同じである．f の微分可能性を仮定すれば $a(u) = f'(f^{-1}(u))$ も成り立つ．いま，特に $a(u) = u^p$ のときを考えれば

$$u^p = f'(f^{-1}(u))$$

である．また f が $[0, \infty)$ の自己同型であることを仮定すれば，上式の解と

して
$$f(u) = c_p u^{\frac{1}{1-p}}$$
が得られる．ただし，定数 c_p は
$$c_p = (1-p)^{\frac{1}{1-p}}$$
で与えられる．よって
$$f^{-1}(u) = (1-p)^{-1} u^{1-p} \tag{6.12}$$
となる．

こうして $a(u) = u^p$ によって定まる変換の 1-パラメータ半群 g_t^p, $t \geq 0$, は D_{00} に作用し，具体的な式の形は次式で与えられる：

$$(g_t \xi)(u) = \xi\left(c_p\left(\frac{u^{1-p}}{1-p} + t\right)^{1/(1-p)}\right) \sqrt{\frac{c_p}{1-p}\left(\frac{u^{1-p}}{1-p} + t\right)^{p/(1-p)} u^{-p}}. \tag{6.13}$$

注意することは，関数 f は単調で，常に正の値をとり，区間 $(0, \infty)$ をそれ自身の上に移す．$p < 1$ なら単調増加で，$p > 1$ なら単調減少である．$p = 1$ の場合は，前にも断ったように，例外的な場合として，別扱いになる．それは，よく知られた場合，すなわち生成作用素が τ のときである．

パラメータがこの例外的な場合，$p = 1$ を除いて，次の定理が成り立つ．

定理 6.5

(i) 任意の $t > 0$ に対して g_t^p は D_{00} の連続変換である．回転とは限らない．

(ii) 1-パラメータ系 $\{g_t^p,\ t \geq 0\}$ は t について連続な半群をなす：任意の $t, s > 0$ に対して積の法則
$$g_t^p \cdot g_s^p = g_{t+s}^p$$
を満たし，
$$g_0 = I$$
である．

(iii) g_t^p の生成元は定数を除き α^{p-1} である．

6.7. 半ウイスカー

証明 (i) の主張は空間 D_{00} の構成から明らかである．

(ii) および (iii) は初等的な計算により証明される． □

$\phi_t(u)$ はこれまで扱ってきたような，連続パラメータ $t \geq 0$ を持ち，合成積が半群の性質を持つ関数とする．そこで独特な定義がある：

定義 6.8 (6.4) の α^p を生成作用素とする 1-パラメータ半群 g_t, $t \geq 0$, を**半ウイスカー**という．

g_t, $t > 0$, は等距離的ではないので，半ウイスカーは「飛び出し半ひげ」のニックネームがある．$O(D_{00})$ を飛び出している！

定理 6.6 半ウイスカーの系 g_t^p, $t \geq 0$, $p \in \mathrm{R}$, は局所リー半群 G_L を生成する：

$$G_L = \{g_{t_1}^{p_1}, \ldots, g_{t_n}^{p_n}\} \text{ により生成}.$$

局所リー群の定義や構成などは [69] に詳しい．ここでは，局所リー半群も同様に扱う．

これまで扱った半ウイスカーの系 g_t^p, $p \in \mathrm{R}^1$, に対する群として，およびそのリー環の構造を見よう．やや，特殊な場合になるが．

集合 $\{\alpha^p; p \in \mathrm{R}\}$ の張るベクトル空間を $\mathbf{g}_L$ とする．この空間にリー積

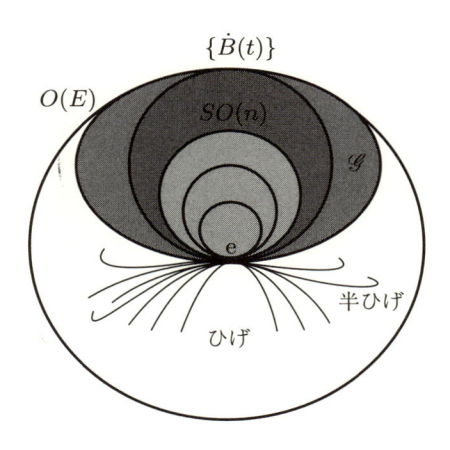

図 6.2 飛び出し「半ひげ」をつけた無限次元回転群．

$[\cdot,\cdot]$ が定義できる：$[\alpha,\beta] = \alpha\beta - \beta\alpha$.

命題 6.5 ベクトル空間 $\mathbf{g}_L$ はリー積によってリー環となる.

このリー環には，今や例外として除いた $p = 1$ の場合を含めてもよいことが確かめられる.

この了解のもとで，次の定理がある.

定理 6.7 ベクトル空間 $\mathbf{g}_L$ は $p \in \mathbf{R}$ をパラメータ空間とするリー環となる．それは局所リー半群 G_L から来るものと同型である.

証明 直接計算により

$$[\alpha^p, \alpha^q] = (q-p)u^{p+q+1}\frac{d}{du} + \frac{1}{2}(q-p)(p+q-1)u^{p+q} \tag{6.14}$$

が得られる．それは $(q-p)\alpha^{p+q}$ である．すなわち，定理が証明された．□

実際，我々は無限次元のリー環を得た．この環の特色は半ウイスカーの生成作用素からなるということである．その形を見れば，類似した他のリー環との関連なども推察されて，問題提起にもつながってくる.

また，$\mathbf{g}_L$ を少し修正して $\mathbf{g}'_L = \left\{\frac{1}{p}\alpha^p\right\}$ を得れば，例外的なメンバーとして扱ってきた α^0 ($= u\frac{d}{du} + \frac{1}{2}u = \tau$) が単位元の役割を演ずることになるのは興味深い．次の交換関係がある：

$$[\alpha^p, \alpha^0] = \alpha^p.$$

それが，半ウイスカーの世界で，中心的な役割を果たすのも自然であろう.

追加して，いくらか半ウイスカーについて述べたい．半ウイスカーについては，条件を満たす関数 $a(u)$ や f の選び方には多くの自由性が残されていることである．容易に，それらを満たす半ウイスカーを構成できるからである.

可換環 $\mathbf{g}_L$ は**正則** (perfect) である．実際次の関係式が成り立つ：

$$[\mathbf{g}_L, \mathbf{g}_L] = \mathbf{g}_L.$$

すなわち，自分自身との交換子積はまた元の環と一致する．したがって，よく知られて定理により universal central extension が存在する．このことはヴィラソロ代数 (Virasoro algebra) の研究とも関連することが期待される.

双対性

$\{\alpha^p\}$ については，この環の性質として，次のような双対性が見られる．

$$\alpha^p \iff \alpha^{-p}$$

これは，リー積の計算をみればすぐわかることである．これは，半ウイスカーについての双対性につながっていて興味深い事実である．特に，$p=0$，すなわちシフトは自己双対である．

半ウイスカー g_t^p に共役な変換 $(g_t^p)^*$ の働きもまた興味深い．任意の p に対して $(g_t^p)^*$ は D_{00}^* 上の変換の半群となる．したがって，それを用いて，次のようにして，ガウス型の確率過程 $X^p(t), t \geq 0$, が定義される：

$$X^p(\xi; t) = \langle (g_t^p)^* x, \xi \rangle.$$

ただし x は $E^*(\mu)$ の元を表す．念のため，ほとんどすべて（μ について）の x はホワイトノイズ $\dot{B}(t)$ の見本関数である．そこでは，半ウイスカーの共役元が x を動かしているという図式になっている．

なお，ξ の選び方は D_{00}^* の中で自由である．こうして，$t \geq 0$ をパラメータとする多くの確率過程が得られる．実はそれらは，すべてガウス過程である．

6.8 デジタルからアナログへ，微分作用素を典型として

これまで，いろいろな場面で，デジタルとアナログを対比して扱ってきたが，それらをまとめて，両者の関係を比較してみよう．ホワイトノイズ $\dot{B}(t)$ の関数，あるいはホワイトノイズ測度空間 $(E^*, \mathbf{B}, \mu)$ において $x \in E^*$ の関数，実は汎関数を扱おうとしたとき，種々のアプローチがあった．

偶然現象があってそれを表現する関数を扱うために，まず変数の設定が必要である．reduction（帰納化）により素な $\dot{B}(t)$ が想定されるとしよう．既成の微積分論を利用するために，まずそれをテスト関数 ξ によって「ならした」もの $\langle \dot{B}, \xi \rangle = \dot{B}(\xi)$ を取り上げた．それは線形汎関数空間 H_1 の元である．

可視化の要請で，$\dot{B}(t)$ あるいは $x(t)$ をそのまま変数として扱いたいので，それに数学的に確固たる地位を与えるため空間を $H_1^{(-1)}$ にまで広げた．

前には注意しなかったが，必要な事象の系（それは完全加法族）$\mathbf{B}$ はすべ

ての $\dot{B}(\xi), \xi \in E$, あるいはすべての $\langle \dot{B}, \xi \rangle, \xi \in E$, を可測にする最小の完全加法族である．これは $\dot{B}(t)$ を $\dot{B}(\xi)$ として，超過程と見る立場からの必然的な帰結である．完全加法族 **B** に関する限りは $\{\dot{B}(\xi), \xi \in E\}$ も $H_1^{(-1)}$ に位置づけた $\{\dot{B}(t), t \in \mathrm{R}^1\}$ も変わらない．素な独立変数の系をなすことから，長さ無限大という不便にもかかわらず $\dot{B}(t)$ を選ぶ．それに可視化を重視するならなおさらである．

デジタルからアナログへの移行 1

関数やその微分などの演算を扱おうとすれば，その変数の選択に関して，$\dot{B}(\xi)$ と $\dot{B}(t)$ とでは大きな差が現れる．そこで重要な注意が必要となる．

両者を比較し，またデジタルからアナログへの移行の説明のため，要点をまとめておく．

以下のような場合が**デジタル**である．E の可算個の元 $\xi_n, n = 0, 1, 2, \ldots$, で $L^2(\mathrm{R}^1)$ の完全正規直交系をなすものを選び，$X_n = \langle x, \xi_n \rangle$ とおくとき，系 $\mathbf{X} = \{X_n\}$ は i.i.d. $N(0,1)$ の系である．さらに，系 $\mathbf{X}$ は完全加法族 **B** を定めている．この系を変数系とする関数は

$$f(X_n, n \geq 0)$$

と表される．勿論 f はランダムではないので，上のような関数を取り上げるのに何の心配もない．このような関数に解析的演算を施すには，前にも述べたがランダムでない場合の方法を踏襲することができる．基本となる微分演算は，例えば，上のような関数 f のときなら $\frac{\partial}{\partial X_n}$ を ∂_n と書くとき

$$\partial_n f = \frac{\partial}{\partial x_n} f \bigg|_{x_j = X_j,\ 1 \leq j \leq n}$$

とした．ここで微分演算 ∂_n は，ランダム変数 X_n を「揺らがせる」ということから来るという趣旨には沿っていないので，説得力に乏しい．

これからアナログへの移行としては，上のように定義される X_n なら

$$\partial_t f = \partial_n f \circ \xi_n(t)$$

として，関数の関数に対する微分法を適用すればよい．ただし $\{X_n\}$ による f の表現法，その他注意することも多い．ここでは x を $\dot{B}$ の見本関数とみな

6.8. デジタルからアナログへ，微分作用素を典型として

し，$\partial_t \langle x, \xi_n \rangle = \xi_n(t)$ を用いた．

註 少し横道にそれるが，微分の定義にも関係するので，ランダム量の扱いについて，いささか愚見を述べたいと思う．読者のご寛容をお願いしたい．本書のように，凡そ数理を語ろうとすれば，まず，変数を決め，関数のクラスを確定し，微積分などの演算を論じ，応用へと展開するのが常道と思われる．述べたい愚見というのは，この順序に対する異論である．知りたいこと，確率論の対象となる事実があれば，関数や演算についての見通しもあり，それと同時に，数学にするために，変数の確定が考慮の対象になる．一見，論理的な順序を無視するようだが，思考の過程と記述の様式とは違うように思えるが，如何であろうか？ 微分の定義にあたって，このことを考えさせられる．特に，アナログの場合，変数は $\dot{B}(t)$ である．サイコロを確率論の初等的な適例として挙げるのを躊躇するのと似た理由である．参考文献として [72], [74] を挙げる．

アナログの場合と比較するため，今少しデジタルの場合の考察を続けよう．

すでに 5.2 節で考えたように，偏微分を**消滅作用素**と考えれば，高階の偏微分作用素も自然に定義できる．

微分に対して，積分を定義するには，それを消滅作用素の共役作用素と考えればよい．すなわち，∂_n^* を**生成作用素**とする．X_n のエルミート多項式に対しては，消滅・生成作用素はそれぞれ次数を一つだけ，下げたり，上げたりすることになる．これら消滅・生成作用素は，定義域も容易に決まり，作用素環が定義できる．また変数を掛ける積演算は生成・消滅両演算の和である．これらは付録のエルミート多項式の公式から容易に納得できる．

標準交換関係を用いて，ボーズ場の表現をするが自由度は連続無限の場合であり，事情は我々と同様である．連続無限個の長さ無限大のベクトルによる表現よりも，∂_t, ∂_s^* の生成する作用素環による表現の方がスマートであろう．δ は用いるが．

「ノイズ (i.e.r.v.)」は，自由度が連続無限ゆえに，自然に人を非可換へと導く（これには詳しい説明が必要であるが，今は述べない）．

さらに，この事情の一種の反映として**ラプラシアン**を取り上げて観察する．有限次元の場合と同様，ここではラプラシアンの典型として 2 種類を取り上げる．類似というのは

(1-n) $\mathbf{R}^n$ の場合

$$\Delta_n = \sum_1^n \frac{\partial^2}{\partial x_j^2}.$$

(2-n) S^n の場合

Δ_n の半径方向を忘れたものと考えられる．具体例のため 2 次元単位球面 S^2 の場合で例示する．

$$\Lambda_2 = \frac{\partial^2}{\partial \theta^2} + \frac{1}{\tan \theta}\frac{\partial}{\partial \theta} + \frac{1}{\sin^2 \theta}\frac{\partial^2}{\partial \varphi^2}.$$

どちらの場合も無限次元のデジタルの場合の類似がある．形の上で容易にそれらの形を言うことができる．

(1-d) デジタルの場合

$$\Delta_L = \lim_{N \to \infty} \frac{1}{N} \sum_1^N \partial_n^2.$$

これは，デジタル，あるいは離散パラメータの場合の**レヴィ・ラプラシアン**として知られている．極限をとる位相は $(L^2)^-$ におけるものとする．

これをフーリエ–エルミート多項式に作用させれば 0 になる．これから空間 H_n の元はすべて Δ_L の固有値 0 に属する固有空間になる．一方，超汎関数の空間には有効に作用する．

例 6.8 $H_2^{(-2)}$ の元 $\varphi(X) = \sum_1^\infty (X_n^2 - 1)$ に対しては

$$\Delta_L \varphi(X) = 2$$

である．

この例からわかるように，レヴィ・ラプラシアンはホワイトノイズの超汎関数空間に有効に作用することがわかる．また $\{\xi_n\}$ によって決まる有限次元対称群と可換であることがすぐにわかる．

これまで議論してきたレヴィ・ラプラシアンは，その定義が完全正規直交系の選び方で変わるという欠点がある．いつでも一様に稠密な正規直交系を選ぶのは窮屈である．

(2-d) 無限次元ラプラス–ベルトラミ作用素は

$$\delta_\infty = \sum_n (\partial_n^2 - X_n \partial_n)$$

によって定義される．ここで X_n は $X_n = \langle x, \xi_n \rangle$ を乗ずる掛け算の作用素を表す．

このラプラシアンは，$\{\xi_n\}$ によって決まる有限次元回転群と可換であり，対称作用素である．また n 次フーリエ–エルミート多項式は δ_∞ の固有関数にあたり，したがって H_n は固有空間で，固有値 $-n$ はその次数にマイナスを付けたものになる．これらのことはエルミート多項式の公式（付録 A.5 参照）から容易に知られる．なおこのラプラシアンの特徴づけなどの詳しい議論は [97] を参照されたい．

デジタルの場合のラプラシアンはランダムでない場合の類似が見られるとは言え，(2-d) に注意しよう．無限次元の球面を考えているのか，と言う疑問が起こる．実際，それは二つの方向からの視点で見ている．それを説明しよう．

(i) ここに一つの事実の再考による認識がある．大数の強法則により，ほとんどすべて（μ 測度について）の E^* の点は半径 $\sqrt{\infty}$ の球面上にある．この直感的なイメージを参考にすればホワイトノイズ測度 μ が導入された無限次元空間では，全空間と，測度 μ の台すなわち半径 $\sqrt{\infty}$ の球面とは同一視してよい．

必然的にラプラシアンも，実質上は μ の台の上で考えるので，いちいち球面上で考えるなどと断らなくてもよいことになりかねない．

(ii) もう一つの観察がある．それは δ_∞ の表現式であるが，それは，改めて無限次元回転群によって特徴づけられるということである．[97] 参照．

ここでは無限次元回転群のクラス I 部分群，特に G_∞ によって決まることが示される（[30] による）．E に属し，かつ $L^2(\mathbf{R}^1)$ の完全正規直交系をなす系 $\{\xi_n\}$ を固定した結果である．

例 6.9 $f(X_1, X_2, \ldots)$ にもどる．それが H_n の元であるとしよう．$\{\xi_n\}$ を固定したという条件のもとで，

$$\delta_\infty f(X_j, j \geq 1) = nf(X_j, j \geq 1)$$

が成り立つ．

証明は f が n 次エルミート多項式のとき付録の公式からわかる．いくつか

のエルミート多項式の積で，n 次なら，やはり上式が成り立つ．

作用素 δ_∞ は**ナンバー作用素**である．

例 6.10 $f(X_j, j \geq 1) = \sum_1^\infty (X_j^2 - 1)$ とする．これはデジタルな形であるが，H_2 には属さず $f \in H_2^{(-2)}$ である．すなわち 2 次斉次超汎関数である．それはラプラシアン Δ_L の定義域に属していて

$$\Delta_L f = 2$$

となる．

上の諸例は，ラプラシアン Δ_L および δ_∞ の定義域を決めるヒントになる．前者の定義域は

$$\mathcal{D}(\Delta_L) = \{\varphi \in (L^2)^- : \Delta_L \varphi \in (L^2)^-\}$$

であり，後者についてはデジタルな言葉で言うことになる．

デジタルの立場での話は，すべて，一つの完全正規直交系 $\{\xi_n\}$ を固定した上での議論であることを重ねて注意する．

注意 レヴィは [56] で，有限次元から無限次元への移行を
 "le passage de fini à l'infini"
と言って，多くの注意をしている．我々は，それに直接関連する部分と，特に離散無限から連続無限への移行，すなわちデジタルからアナログへの移行と，その意義について論じたい．

デジタルからアナログへの移行 2

この移行について確率論的な考察を，くり返しも含めて，まとめよう．

これについて，これまでの議論は 2 点に集約される．一つは $\dot{B}(t)$ が取り上げるべき変数として適当であり，ならしてデジタルにして解析を進めるのは本意ではない．

この変数系を採用して，非線形汎関数を扱うが，そこには「くりこみ」の操作が必要である．それが矛盾なく，目的にかなった形で行われる．

デジタルでは，あまり深刻ではなかったが，微分演算を含む，作用素の正確な定義が必要であった．

以上の議論で，随所に S-変換を用いたことは深い意味がある．それに注意

6.8. デジタルからアナログへ．微分作用素を典型として

して微分を見直し，議論を進めよう．

指数関数 $\exp[\langle x, \xi\rangle]$ は total すなわち，それは $(L^2)^-$ の全体を生成する．汎関数の S-変換は，これと任意のホワイトノイズ汎関数 $\varphi(x)$ との内積である．この変換により，汎関数の微分は，共役作用素として指数関数の微分に移る．したがって，指数関数の微分をクリアーにしておけばよい．微分の方向は，実質あらゆる方向を考えることになるが，それは一挙に無限個の方向への全微分である．例えば η 方向なら，ベクトル $\eta(t)$ で t は実数を動き，連続無限個の方向を支配する．すなわち $\langle x, \eta\rangle$ をとり，それで微分すればよい．したがって微分は当然フレシェ微分である．

再び S-変換を利用して，共役な変換として，φ の微分に還元されて，解答として演算 ∂_t (t は方向を意味するのではなく，パラメータと見る) に到達する．

本来のホワイトノイズ汎関数の空間と同型で，しかも微分演算などの理想が実現される空間，すなわち，再生核ヒルベルト空間を用いる．そこでのフレシェ微分を利用したことの背景には，以上のような仕組みがある．

このような微分の方法をデジタルに適用したらどうなるかを見ておかねばならない．離散変数にするため，「ならし」のための完全正規直交系 $\{\xi_n\}$ を固定する．$\dot{B}$ を見本関数 x と同一視して，n 次フーリエ–エルミート多項式

$$\prod_j H_{n_j}(\langle x, \xi_j\rangle/\sqrt{2})$$

を取り上げる．

基本的な場合の S-変換を計算しておく：

$$S(H_k(\langle x, \eta\rangle/\sqrt{2}))(\xi) = 2^{k/2}(\eta, \xi)^k.$$

これから，上のフーリエ–エルミート多項式の S-変換は

$$2^{n/2}\prod_j (\xi_j, \xi)^{n_j}$$

となる．

積の微分は各因子の微分から得られるので，以下のような計算をするが，定数を簡単にしておく：$n_j > 0$ として

$$\partial_n H_{n_j}(\langle x,\xi_j\rangle) = \delta_{n,j} 2 n_j H_{n_j-1}(\langle x,\xi_j\rangle).$$

積の S-変換は

$$\prod_j n_j \langle \xi,\xi_j\rangle^{n_j-1}$$

である.

$$\frac{\delta}{\delta\eta}\langle\xi,\xi_j\rangle^n = n\langle\xi,\xi_j\rangle^{n-1}\langle\eta,\xi_j\rangle.$$

フレシェ微分は

$$n\xi_j(t)\langle\xi,\xi_j\rangle^{n-1}$$

となる.

これらは期待通りである.

アナログになると見かけ上もデジタルの場合と違ってくる点が現れる. 例えば消滅作用素 ∂_t については, ごく簡単な場合でも, $n>1$ として

$$\partial_t : \dot{B}(t)^n := n : \dot{B}(t)^{n-1} : (1/dt)$$

である. これが合理的であることは, 他にも, いろいろな場面で思いあたることになる. 一般の関数については, 上の式を拡張していけばよいが, t が違えば独立になることから, S-変換に移す場合も容易である.

すなわち, デジタルからアナログへの移行は, 形式的にはいかない. そこで, ノイズを考えたときのブラウン運動のレヴィによる構成法を思い出そう.

(a) パラメータの変換も考慮に入れて, アナログをデジタルで近似する方法で構成した.

(b) 途中の段階でスケールに着目したこと, 各ステップは consistent である.

の2点が重要な考慮すべき点である. こうして, アナログに移行することができる.

デジタルの場合の関数の表現や微積分の演算を形式的に連続パラメータに移行するときには, 十分注意しなければならない.

アナログの場合も, デジタルで計算して近似しなければならないこともあるが, 原点にもどった取扱いが必要である. 前述のノイズの構成法やレヴィ

によるブラウン運動の近似など（フーリエ級数によるブラウン運動の展開でデジタルを考えるのは，パラメータの変換を考えるとき不利になる）検討することが多い．

ホワイトノイズ解析におけるレヴィ・ラプラシアン

ここは何といってもアナログである．

生成・消滅作用素 ∂_t^*, ∂_s は $\dot{B}(t)$ の理想的ベクトルとしての性質を非可換作用素の系として代行していることを思い出そう．一層の働きを期待して，生成・消滅作用素をベースにして表される各種の作用素のなす環を扱う．有限次元の場合と類似する部分もあるが，理想的ベクトル $\dot{B}(t)$ のなす i.e.r.v. の系に基づくこと，したがってユニークな

passage to infinite

が反映すること，および非可換な作用素環を扱うことなど，有限次元の微分・積分の演算を中心にした話とは大いに趣を異にする．

なお，変数系に関する前節の注意，すなわちデジタルからアナログへの移行についての考察は十分参考になる．

生成・消滅作用素 $\{\partial_t^*, \partial_s, s, t \in \mathbf{R}^1\}$ から出発して作用素のなす多元環 $\mathbf{A}'$ を構成する．そこにリー積

$$[\partial_t, \partial_s^*] = \delta(t-s),$$
$$[\partial_t, \partial_s] = [\partial_t^*, \partial_s^*] = 0$$

を導入し，それが生成する演算を導入したものを $\mathcal{A}$ と書く．

$\mathbf{A}$ の中で，特に重視したいのは
$\dot{B}(t)$ の積演算：

$$m_t = \partial_t^* + \partial_t,$$

回転：$(\dot{B}(t), \dot{B}(s))$-平面の無限小回転：

$$r_{s,t} = \partial_s^* \partial_t \, dt - \partial_t^* \partial_s \, ds,$$

レヴィ・ラプラシアン：

$$\Delta_L = \int \partial_t^2 \, (dt)^2$$

（積分に $(dt)^2$ を用いることに注意）

などである．

定理 6.8 レヴィ・ラプラシアンは消滅作用素の 2 次形式で，回転不変なものとして特徴づけられる．ただし定数倍を除く．

証明 消滅作用素の 2 次形式を

$$Q(\partial) = \sum a_{j,k} \partial_{t_j} \partial_{t_k}$$

とおく．

任意の t, s について

$$[Q(\partial), r_{s,t}] = 0$$

を計算して

$$a_{j,k} = 0, \quad j \neq k,$$
$$a_{j,j} = c$$

が得られる． □

レヴィ・ラプラシアンの定義域が問題となる．再び S-変換に頼ることになる．

命題 6.6 $(L^2)^-$ の汎関数 φ がレヴィ・ラプラシアンの定義域 $\mathcal{D}(\Delta_l)$ に属するための条件は，その S-変換 $U(\xi)$ の 2 階フレシェ微分 $U''(\xi, t, s)$ が存在し，ほとんどすべての $(t, s) \in \mathbf{R}^2$ に対して，それが $(L^2)^-$ の元 φ の S-変換となることである．

証明は 2 階フレシェ微分の存在条件の言いかえに過ぎない．

レヴィラプラシアンの定義域に属する汎関数の例．

例 6.11 2次形式の場合.

(i) 正規2次形式. 連続で可積分関数 $f(u)$ によって表される

$$\varphi_n(\dot{B}) = \int f(u) \!:\! \dot{B}(u)^2 \!:\, du$$

に対して

$$\partial_t \varphi_n = 2f(t)\dot{B}(t),$$
$$\partial_t^2 \varphi_n = 2f(t)\frac{1}{dt}.$$

よって

$$\Delta_L \varphi_n = 2\int f(t)\,dt$$

である. $U(\xi) = (S\varphi)(\xi)$ とおけば $U(\xi)$ の2階のフレシェ微分は $U_{\eta\eta}(t) = 2f(t)$ であることに注意する.

(ii) 正則2次形式. $F(u,v)$ を $\mathbf{R}^2$ で連続, かつ可積分であるとする.

$$\varphi_r(\dot{B}) = \iint F(u,v) \!:\! \dot{B}(u)\dot{B}(v) \!:\, du\,dv$$

ならば

$$\Delta_L \varphi_r = 0$$

である.

定義 6.9 Δ_L の定義域に属する φ が

$$\Delta L \varphi = 0$$

を満たすとき**調和汎関数**という.

ここで, レヴィ・ラプラシアンについて, デジタルとアナログとの2種類の表現についての考察をしてみたい.

例 6.12 (i) の2次形式に対する作用で比較する. $f(u)$ は $[0,1]$ で定義されているものとしよう. S-変換をして, 汎関数

$$U(\xi) = \int_0^1 f(u)\xi(u)^2\,du$$

を扱う．

$L^2([0,1])$ の一様に稠密な完全正規直交系 $\{\xi_n\}$ をとれば，デジタルの Δ_L はアナログの場合と同じ結果 $2\int_0^1 f(u)\,du$ を導く．

例 6.13 ガウス核．

これは正規 2 次形式（例 6.11 (ii)），φ_n の f が $\frac{1}{2}$ でない定数 c の場合，その指数関数に乗法的くりこみを行った :$\exp[\varphi_n]$: で，その S-変換は

$$U(\xi) = \exp\left[\frac{c}{1-2c}\int \xi(u)^2\,du\right]$$

となる．2 階のフレシェ微分の $U_{\eta^2}(t)$ は

$$U_{\eta^2}(t) = \frac{2c}{1-2c}U(\xi)$$

となり，S-変換の逆変換を適用して

$$\Delta_L\varphi_n = \frac{2c}{1-2c}\varphi_n$$

が得られる．

すなわち，ガウス核はすべて，Δ_L の固有関数であって，上の φ_n は固有値 $\frac{2c}{1-2c}$ の固有空間に属する．また，レヴィ・ラプラシアンは連続固有値を持つことがわかる．

第III部

科学の中のホワイトノイズ

第7章　連携分野

数学は自然科学をはじめ，諸科学との緊密な連携を保って発展している．ホワイトノイズ理論が科学の中で重要な役割を果たし，また期待されている分野であることは間違いない．ホワイトノイズ解析の立場から，三つの例を挙げて，その一端を紹介する．

7.1　量子場

ホワイトノイズ解析の応用として最初に取り上げられたのが，理論物理学における量子場の理論であった（1970年代，ドイツのシュトライト (L. Streit), ポットホフ (J. Potthoff) 他による）．続いて，経路積分（ファインマン積分）へのアプローチが続いた．今，初心に帰り，その研究の流れを再確認し，またその後の著しい発展も加えて，新しい課題について検討したい．経路積分については次に節を改めて述べる．

ホワイトノイズの超汎関数空間 $(L^2)^-$ に作用する基本的な線形作用素，すなわち消滅差要素 ∂_t とその共役作用素である生成作用素 ∂_t^* は量子力学におけるボーズ場の標準交換関係 CCR (canonical commutation relations) に類似した次の交換関係

(i)　$[\partial_t, \partial_s] = [\partial_t^*, \partial_s^*] = 0,$

(ii)　$[\partial_t, \partial_s^*] = \delta(t-s)I$

を満たす．I は恒等写像とする．

これらの主張はすでに知るところであるが，(ii) について，S-変換との関連を見て証明に代える．S-変換により，∂_t はフレシェ微分に，∂_s^* は $\xi(s)$ を掛けることに相当する．空間の生成元は，特性汎関数を $C(\xi)$ として，$C(\xi - f)$，$f \in E$, である．よって，$t \neq s$ のとき左辺は

$$\frac{\delta}{\delta \eta(t)} \xi(s) C(\xi - f) = (\delta(t-s) - (\xi, f)) C(\xi - f),$$

一方右辺は

$$\xi(s) \frac{\delta}{\delta \eta(t)} C(\xi - f).$$

両者を比較し S^{-1} を施して，結論を得る．

一方 $(\partial_s^* \partial_t) e^{\langle x, \xi \rangle}$ も同じ結果を得る．

もし $t = s$ ならば (6.13) の両辺の差は $e^{\langle x, \xi \rangle}$ との積において $\partial_t x(t)$ と $x(t) \partial_t$ との差が生じる．その差が δ 関数の $t - s = 0$ のときの値である．

上記の等式と量子力学における対応する等式との類似をみて，さらに ∂_t と ∂_s^* に関連した次の話題に進む．

定理 7.1 空間 (L^2) に作用する連続な線形作用素 L が

(i) 任意の t について

$$[L, \partial_t^*] = 0$$

であり，かつ

(ii) 任意の t について

$$[L, \partial_t] = 0$$

を満たすとき，L は定数倍の作用素である．

証明 $(L1)(x) = \lambda(x)$ とおく．また $\phi(x) = (i\langle x, \xi \rangle)^n$ とする．そうすれば，$\phi = \langle \partial_t^*, \xi \rangle^n 1$ である．仮定から

$$L\phi = L\langle \partial_t^*, \xi \rangle^n 1 = \langle \partial_t^*, \xi \rangle^n \lambda = \lambda \phi.$$

また仮定 (ii) より，$T_\xi = \exp \langle \partial_t, \xi \rangle$ とおくとき

$$L T_\xi \phi = \sum \frac{1}{n!} \langle \partial_t, \xi \rangle^n L \phi = T_\xi L \phi.$$

ゆえに，$\phi = 1$ とすれば E^* 上で，任意の ξ について

$$\lambda(x) = \lambda(x + \xi)$$

が成り立つ．μ は T_ξ についてエルゴード的だから λ は定数，すなわち L は定数倍の作用素でなければならない． □

この事実から，生成，消滅作用素の系が，量子力学においても，如何に重要な役割を果たすかが伺える．

その他，この方面の応用としては，時間 t を虚数にして考えるユークリッド場への応用があり，大変興味深い結果が得られているが，この方面の出版物も多いので，ここでは省略する．

$P(\Phi)$ 理論

これは構成的場の理論の話題として長い歴史を持つ理論であり，今またその勢いを取りもどしつつあるようだ．最近の，この方面のヒットとして，ホワイトノイズ超汎関数理論の応用として吉田稔による構成的ユークリッド Φ_4^4 量子場の理論が進展しつつある．[107] 参照．今後の大きな発展が期待される．

7.2 経路積分

経路積分（ファインマン積分ともいう）はホワイトノイズ解析を始める一つの大きな動機であった．それだけに応用の第一に挙げられる．同時に我々がディラックやファインマンのアイディアの実現を目指してきたことの結実として，ここで大きく取り上げたい．

内容を細かく分けると

1. 序
2. 解析学からの準備
3. ホワイトノイズ解析からの準備
4. ホワイトノイズ測度の flattening
5. propagator の構成法
6. 展開

となる．

1. 序

経路積分 (Feynman integral) の歴史の第 1 ページはディラックの名著 [11] §32. Action Principle で飾られている．ついで，ファインマンの論文 [16] およびファインマン–ヒッブス (Feynman–Hibbs) の著書 [17] によると言ってよかろう．

この話題は多くの数学者や物理学者の興味を呼び，今日まで，種々の方法で活発な研究が進められていることは周知の通りである．課題は，まず関数（可能な経路）空間の上での，特殊な物理的な量の平均（適当な測度による積分）の正当化と，その応用である．

わが国での経路積分の系統的な研究が始まったのは，数理科学研究班が組織された 1960 年代の初めの頃であった．

本章で紹介したいことは，ホワイトノイズ解析における超汎関数の理論を応用して，経路積分の正当化を行い，かつ多くの場合（すなわち種々のポテンシャルの例）に，具体的な伝達関数が求められるということである．ポテンシャルがある種の解析的な特異性を持つ場合にまで，ホワイトノイズ解析を適用する我々の方法が活用できることを述べたい．

実を言えば，経路積分の正当化への努力は「ホワイトノイズ解析」を提案（カールトン大学における講義（1975 年））した一つの理由であった．[29] 参照．

具現化について：直接には，シュトライトとの discussion を基にして，数理物理学の Berlin Conf. 1981 でアイディアを発表し，ついで我々の共著の論文 [93] となったのがそのはじめであった．ついで，多くの賛同者があって，中でもドイツの BiBOS 研究組織，特に ZiF（ビーレフェルト大学，境界領域研究所）において，多くの若い math-physicists によって活発な研究が続けられているのは喜ばしい限りである．これにはアジア地区からの参加者も多い．なお，ホワイトノイズ解析を最初に，積極的に研究対象として取り上げたのもこの研究所 ZiF であった．現在もこの方面の研究の重要なセンターである．

図 **7.1** ホワイトノイズと数理物理学のメッカ ZiF の入り口（上）．シュトライト教授と筆者（下）．

考え方

1. ラグランジアン $L(t)$ によって決まる古典的な経路を乱す量子的な「揺らぎ」をホワイトノイズ（ブラウン運動）を用いて表すことにする．形の上では，それは固定端ブラウン運動 (Brownian bridge) となる．

2. 経路積分の被積分関数をホワイトノイズの**超汎関数**で記述する．

3. 伝達関数を与える上記の積分は，ホワイトノイズ測度による平均値になる．

このアイディアの具現化は，次節の準備のもとに，本節 3. で論じる．

2. 解析学からの準備

classical trajectory からの「揺らぎ」は固定端ブラウン運動で表される．

理由：「揺らぎ」時間 t をパラメータとする確率過程 $X(t)$ を有限時間区間で考えよう．

定理 7.2 ガウス型確率過程 $X(t)$ で，ブラウン運動による標準表現を持つとし，さらに次の 3 条件を満たすならば，それは固定端ブラウン運動である．

- マルコフ過程．

- 固定端．

- 分散を恒等的に 1 と規格化すれば (special) conformal invariance を満たす．

まず，これらの条件を仮定する理由を述べる．

ラグランジアン $L(t)$ から出発しよう．

マルコフ性を仮定する理由は action

$$S(t_1, t_2) = \int_{t_1}^{t_2} L(t')\, dt'$$

についてディラックの解説 ([11] 32 節) によれば，それが $t_0 \to t_1 \to \cdots t_m \to t$ のとき

$$B(t, t_0) = B(t, t_m) B(t_m, t_{m-1}) \cdots B(t_2, t_1) B(t_1, t_0)$$

を主張する．これはマルコフ過程に関する推移確率の類似と考えられる．

固定端にするのは粒子の軌跡を取り上げる以上，これは当然である．

$X(t)$ を normalize して $Y(t) = \frac{X(t)}{\sigma(X(t))}$ をとるとき，パラメータの変換，時間区間の変換などについて，適当な不変性を持たねばならない．それはシフト，dilation, reflection（原点あるいは単位区間に関して），あるいは射影変換に関する不変性の要求である．こうして special conformal transformation group に至る．その変換群は，$PSL(2,\mathbf{R})$ と同型な変換群といってよい．

定理の証明 $Y(t)$ の分布の射影不変性から，その共分散関数は 4 時点の unharmonic ratio の関数である．その関数が平方根であることは $X(t)$ の局所連続性から導かれる． □

こうして，時間区間を $[a,b]$ としたとき，固定端ブラウン運動 $X(t), t \in [a,b]$, が得られる．例えば，単位区間のときは，$X(t), t \in [0,1]$, はホワイトノイズ $\dot{B}(t)$ により，
$$X(t) = (1-t)\int_0^t \frac{1}{1-u}\dot{B}(u)\,du$$
と表現される．これはいわゆる標準表現である．

そこで，時間区間 $[0,t]$ における quantum mechanical trajectory $x(s)$ は，classical trajectory を $y(s)$ とするとき，
$$x(s) = y(s) + \sqrt{\frac{\hbar}{m}}X(s)$$
と表される．

これから action $B(0,t)$ を計算して「経路積分」に持ち込めばよいのであるが，実はその積分はホワイトノイズ（ブラウン運動）を定義している測度による積分である．すなわち，定まった**確率空間における平均値**をとることに帰着される．これが基本的なアイディア!! に他ならない．

註 上の $x(s)$ の表現をそのまま propagator $G(y_1.y_2; 0,t)$ の計算に用いる場合，固定端ブラウン運動の代わりにブラウン運動 $B(s)$ はそのまま置き，被積分関数をドンスカーのデルタ関数 $\delta_0(x(t)-y_2)$ との積にするのが好都合である．

こうして，ホワイトノイズ解析による path integral quantization の設定

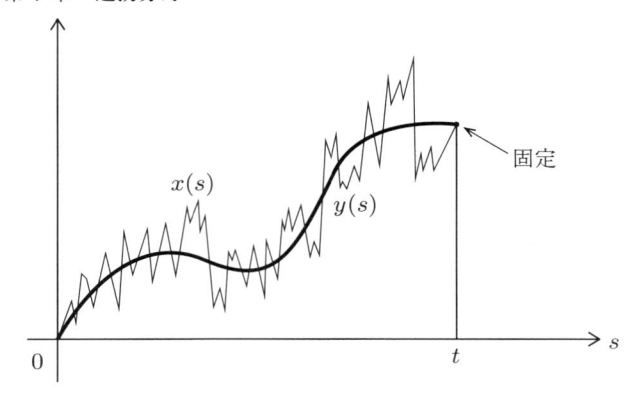

図 **7.2** ゆらぐ規跡．太線は古典的規跡．

に到達するのである．

　実行方法は前述のように 1983 年の論文 [93] によることになるが，それ以後 BiBOS 研究所（ドイツ北部にある）で多くの若い math-physicists がこの方向による経路積分の研究で多くの成果をあげている．これには，アジア地区からの参加者も多い．

　その他，文献として M. Masujima [66] 全 800 ページ余の大労作があり，そこでは Chapt. 6. Hida distribution approach to path integrtal quantization と題する一つの章を割いている．

　また，ロープストルフ (G. Roepstorff) [76] では第 2 章の一節 2.10.4. The Feynman integral as a Hida distribution で取り上げている．経路積分を厳密に定義するためにホワイトノイズ解析を使うと言っている．

3. ホワイトノイズ解析からの準備

　ここで重要問題が起こる．action の計算には運動のエネルギーの計算が必要となる．$\dot{x}(s)^2$ には $\dot{B}(t)^2$ が含まれる．これは従来の確率解析では処理できない．それが扱える新しいランダム関数のクラスを導入する必要がある．そのための手法がくりこみである．まず $\dot{B}(t)$, $t \in \mathrm{R}^1$, の 2 次形式から始めるが，それは「適当な無限大を引いて超汎関数にする」ことである．形式的には

$$\iint F(u,v)\dot{B}(u)\dot{B}(v)\,du\,dv - \int F(t,t)\frac{1}{dt}\,dt$$

であるが,厳密な説明には無限次元のフーリエ変換またはラプラス変換を用いることになる.それらの変換は,それぞれ T-変換,S-変換と呼ばれている.

例 7.1 くりこまれた $\dot{B}(t)^2$ は

$$:\dot{B}(t)^2:\,=2H_2\left(\dot{B}(t);\frac{1}{dt}\right).$$

ただし上式で用いた H_2 はパラメータを持つ 2 次エルミート多項式である(付録 A.5 参照).高次多項式の場合もエルミート多項式の計算が基になる([6] 附録 A.5 参照).

経路積分では,そこに登場する 2 次形式(運動のエネルギー)の指数関数の扱いが本命であるが,それはもう一段階上の手段が必要となる.それは multiplicative renormalization である.それらくりこみの詳細は [37] 参照.

一般に超汎関数空間の構成はフォック空間

$$(L^2) = \bigoplus H_n$$

から出発して,

$$(L^2)^- = \bigoplus c_n H_n^{(-n)}$$

ホワイトノイズ**超汎関数**空間に至る.

ついでながら,ホワイトノイズ解析の基礎である $\dot{B}(t)$ を変数とする超汎関数の導入については経路積分が大きな motivations の一つであった.

4. ホワイトノイズ測度の flattening

無限次元にはルベーグ式の測度が存在しないことは,よく知られている.しかし,それに匹敵するものが求められている.我々はこれに対して次のような手法を考える.

形式的に言えば,ホワイトノイズ測度は関数空間(無限次元である)に導入された標準ガウス測度 μ である.関数空間の要素を $x(t)$ と書けば仮想的なルベーグ測度 $dL(x)$ を用いて

$$d\mu(x) = \exp\left[-\frac{1}{2}\int x(t)^2 dt\right]dL(x)$$

とでも表したいところである．それは勿論不可能であるが，せめて
$$g(x) = \exp\left[\frac{1}{2}\int x(t)^2\,dt\right]$$
を考えたい．実際
$$g(x)\,d\mu(x)$$
を考えて，ルベーグ測度の代用にしたいと思うのは自然であろう．上式単独では勿論意味はないが，他の関数と組み合わせて意味のあるものにしたい．実際それは可能な場合があり，次節で実証される．

この $g(x)$ は超汎関数である．

5. propagator の構成法

当面ラグランジアンは
$$L(\dot{x}, x) = \frac{1}{2}m\dot{x}^2 - V(x)$$
とする．action は
$$S[x] = S_0[x] - \int V\,ds$$
である．

前節の注意により，quantum mechanical trajectory を
$$x(s) = y(s) + \sqrt{\frac{\hbar}{m}}B(s)$$
とする．したがって

定理 7.3 propagator $G = G(y_1, y_2; t)$ は次のように書ける．
$$G = E\left\{Ne^{\frac{im}{2\hbar}\int_0^t \dot{x}(s)^2\,ds + \frac{1}{2}\int_0^t \dot{B}(s)^2\,ds}e^{-\frac{i}{\hbar}\int_0^t V(x(s))\,ds}\delta(x(t) - y_2)\right\}.$$

ここで被積分関数の因子 $\frac{1}{2}\int_0^t \dot{B}(s)^2\,ds$ はホワイトノイズ測度に対して一様測度化 (flattenning) の働きをさせるために用いた．

例 7.2 調和振動子の場合．

ポテンシャル $V(x)$ は
$$\frac{1}{2}g\left(y(s) + \sqrt{\frac{\hbar}{m}}B(s)\right)^2$$

となる．これにホワイトノイズ $\dot{B}(u)$ に関する chaos expansion を適用する．$\frac{1}{2}g$ を除くと $\left(y(s)+\sqrt{\frac{\hbar}{m}}B(s)\right)^2$ の展開は

$$y(s)^2 - \frac{\hbar}{m}s + 2\sqrt{\frac{\hbar}{m}}y(s)\int_0^s \dot{B}(u)\,du + \frac{\hbar}{m}\int_0^s\int_0^s :\dot{B}(u)\dot{B}(v):\,du\,dv$$

となる．

こうして，$y_1 = 0$ とし，$G(0, y_2, t)$ を求める計算は，被積分関数の指数部分は $\dot{B}(s)$ の 2 次関数となった．あと δ 関数の部分は，もとの固定端ブラウン運動にもどってもよいし，S-変換など他の方法もある．最終的に

$$G(0, y_2, t) = \left(\frac{m}{2\pi\hbar\sin\omega t}\right)^{1/2} \exp\left[\frac{im\omega}{2\hbar}y_2^2 ctg\omega t\right]$$

に到達する．

6. 展開

propagator を求める我々の方法で扱えるポテンシャル V のクラスを一段と広げるための種々の試みが多くの数学者や物理学者によってなされてきて，大きな成果をあげてきた．それを高く評価するだけでなく，ホワイトノイズ解析を有効に用いるこのアプローチのアイディアや技術は，数学や物理，その他の課題にも応用できるということである．実際，無限次元空間における理想的な測度の導入，被積分汎関数のクラスの拡大，などがある．それらの具体的な扱いは，応用面にヒントが得られることが多い．これについての詳しいことは別に論ずる予定である．一例を挙げれば，乱流理論におけるいわゆるホップ方程式の扱いである．ファインマンの経路積分の類似で，力学系の可能な経路（軌跡）の全体を考えると，関数空間の測度が導入できる．その適当な汎関数を経路集合の上で積分して，古典力学系の満たす方程式の解としよう，というのである．極めて大きな問題で，研究課題とすることも考えられよう．

7.3　網膜の同定

網膜の作用を未知のシステムとみなす．図 7.3 のように，既知の回路と比

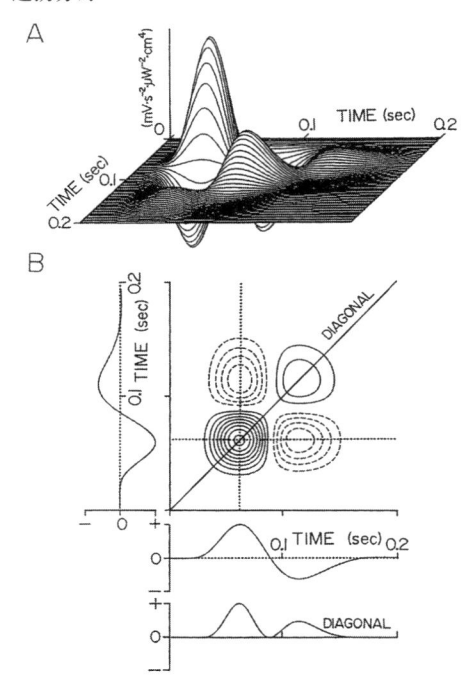

図 **7.3** 中研一による「ナマズ」の網膜の反応. 2 次核関数の図（K. Naka and V. Bhanot, White-noise analysis in retinal physiology. in Advanced Mathematical Approach to Biology. Chapter 2. ed. T. Hida, World Sci. Pub. Co. (1997), 109–267（文献 [73]）より）. [33] も参照.

較して，未知のシステムとの相関関係を求めることにより，未知のものを同定する．

　生物学的な仮定は網膜がホワイトノイズの入力を許し，入力に対する外力が測定できることである．中研一 [73] によれば，「アメリカなまず」の網膜がこの条件を満たすという．実験のためのホワイトノイズ発生機とその入力，および出力の測定には問題はない．

　数学からの準備としては，この実験で得られる出力は入力であるホワイトノイズの関数であることの確認，詳しくは時間 t に依存する，しかも因果的（未来を予報しない）なホワイトノイズ汎関数であることの認識がなされなけ

7.3. 網膜の同定

ればならない．その上で，出力をどうして同定するか，すなわち出力の数学的記述とその表現とが問題となる．

　数学の問題は，出力であるホワイトノイズの汎関数を特徴づけることである．特別なことが起こらなかったとすれば，入力 $\dot{B}(t)$ の汎関数，すなわち出力 φ は (L^2) に属すると仮定してよい．(L^2) のフォック空間への分解によって

$$\varphi = \sum_{n=0}^{\infty} \varphi_n,$$

ただし

$$\varphi_n \in H_n$$

である．φ_n は対称な $L^2(\mathrm{R}^n)$-関数 $F_n(u_1, u_2, \ldots, u_n)$（核関数）によって表現される．したがって問題は核関数列 F_n をどうして決定するかということになった．

　ホワイトノイズ入力は $\dot{B}(t)$ で，その見本関数は $x(t)$ である．時間の推移はウイスカー S_t で表された；$S_t \xi(u) = \xi(u-t)$. $S_t^* = T_t$ とおく．$\langle x, \xi \rangle$, $\mathrm{supp}(\xi) \subset (-\infty, 0]$ を可測にする E^* の部分集合（事象）の生成する完全加法族を $\mathbf{B}_0$ とする．$\mathbf{B}_t = \{T_t B : B \in \mathbf{B}_0\}$ と定義すれば $\{T_t, \mathbf{B}_t\}$ は (E^*, μ) 上の「流れ」になる．ブラウン運動，あるいはホワイトノイズの性質から，この流れはエルゴード的であることが知られている．

　T_t が測度 μ を不変にすることから

$$(U_t \varphi) = \varphi(T_t x)$$

で定義される U_t はユニタリ作用素になり，$U_t, t \in \mathrm{R}^1$, は t について連続な1-パラメータ群になる．これは，すでにウイスカーについて一般的に示したことである．エルゴード性から U_t のスペクトルは連続であることも知られている．

　このユニタリ群に対しては，前に述べたストーン–ヘリンガー–ハーンの定理が適用できるが，今の場合，入力や出力の観測などは既知としてよいので，あとは次のような内容となる．

(i) 数学的理論．巡回部分空間の確定：個数（すなわち重複度）とスペクトル測度．

(ii) 巡回部分空間の構造を決めるための既知の電気回路の準備.

このときのストーン–ヘリンガー–ハーンの基本原理から,シフト S_t のスペクトル重複度が無限大であることがわかっているので,既知の回路は基本的には無限個用意する必要がある.詳しくいえば,線形の部分は重複度が 1 だから既知回路は 1 個で済むが,2 次以上は,原理的には無限個必要である.具体的応用には有意義な有限個をどのように選ぶかも大事な課題となる.

この基本定理の他に,技術的なこととして既知の回路をどのように選ぶかが問題である.その解答はリー–ウイナーの電気回路が与えてくれる.それはラゲール関数を生成する電気回路であり容易に説明することができる.例えば [102] 参照.

残る理論的な問題を 2.3 節で述べた定理 2.1 の引用として復習しておこう.ウイスカーは,時間のシフト T_t, $t \in \mathbf{R}^1$, である.$T_t x$ は (t,x)-可測で,T_t は μ 測度を変えない変換の 1-パラメータ群である.また,すでに論じたように

$$(U_t \varphi)(x) = \varphi(T_t x)$$

で定義される U_t は (L^2) に作用する連続な 1-パラメータユニタリ群となる.

ここで,ストーン–ヘリンガー–ハーンの定理が適用できる.今の場合,基礎となるヒルベルト空間は $\mathcal{L} = (L^2) \ominus 1$ である.

まず,$\mathcal{L}$ に作用する 1-パラメータユニタリ群 U_t のスペクトル分解である:

$$U_t = \int e^{it\lambda} \, dE(\lambda).$$

$E(\lambda)$, $-\infty < \lambda < \infty$, は単位 I の分解である.各 $E(\lambda)$ は自己共役で

$$E(\lambda)E(\mu) = E(\lambda \wedge \mu),$$
$$E(\infty) = I, \quad E(-\infty) = 0$$

を満たす.

シフト T_t の場合 $E(\lambda)$ が連続スペクトルのみを持つことが知られている.ヒルベルト空間 $\mathcal{L}$ は可算個の部分空間(実際,各々は巡回部分空間である)に分解される.

その分解は次のようになる:$\mathcal{L}$ に可算個のベクトル $\{f_n, \, n = 1, 2, \ldots\}$ が

存在して，$d\rho_n(\lambda) = \|dF(\lambda)f_n\|^2$ とするとき，ボレル測度 $d\rho_n$ は単調非増加，すなわち，任意の n について

$$d\rho_n \gg d\rho_{n+1}$$

となる．また $\{dF(\lambda)f_n, \lambda \in \mathbf{R}^1\}$ から生成される部分空間を $\mathcal{L}(f_n)$ とするとき (L^2) は

$$\mathcal{L} = \bigoplus_n \mathcal{L}(f_n)$$

と直和分解される．

このような分解はユニタリ同値を除いて一意的である．

今の場合，空間 $\mathcal{L}$ にはフォック空間による直和分解

$$\mathcal{L} = \bigoplus_{n=1}^{\infty} H_n$$

があり，各部分空間 H_n は U_t により約されるので，スペクトルは H_n 毎に考えればよい．勿論，すべて連続スペクトルのみであるので，重複度のみを問題にすればよい．

定理 7.4 $\{T_t\}$ から導かれるユニタリ群 $\{U_t\}$ の重複度は

(i) $\mathcal{H}_1$ において 1 である．

(ii) $\mathcal{H}_n, n \neq 1$, において ∞ である．

網膜の同定にはこの定理が用いられる．入力としてホワイトノイズ $\dot{B}(t) = x(t)$ を採用する．網膜の働きはその出力である汎関数 $\varphi(x)$ によって記述される．その汎関数はフォック空間によれば，$\mathcal{H}_n$ の元 φ_n の和である．各 φ_n はそれぞれ $\hat{L}^2(\mathbf{R}^n)$ の（核）関数 F_n で表現される筈である．この未知関数がわかればよい．

次のようなステップで U_t を適用して，逐次 F_n を決めていく．

(1) $F_1(u)$ について．U_t の重複度は 1 である．一つのベクトル f_1 で $dE(\lambda)$，あるいは U_t を使って生成される．これとリー–ウイナーの回路 [102]（ラゲール関数系に対応する）の 1 次に対応するもの h_1 を使用して核関数 F_1 を決め

ることができる．$L^2(\mathbf{R}^1)$ の言葉でいえば，U_t を決めるウイスカー S_t にもどって，内積 $(F_1, S_t h_1)$ を求め，t を動かして F_1 を決定することができる．

(2) F_2 になると，重複度が無限大であるため，定理でいう部分空間 $\mathcal{L}(f_n)$ の扱い，すなわち F_2 を決めるためには，理論的には無限個のリー–ウイナー回路を用意しなければならない．そして (1) で行ったことを無限回繰り返す必要がある．実際問題には，影響力の多いものを，理論と経験から有限個を選択して実行することになる．

中研一の実験では，相当詳しい $F_2(u, v)$ の形がわかったようである．[33] 第 2 章参照．

また図 7.3 参照．

ここで大事な注意がある．基本定理におけるユニタリ同値性である．各巡回部分空間は一意に決まるのではないが，違った分解があったとしても，巡回部分空間の個数は同じ，しかも付属している測度 $d\rho_n$ は同等なものになる．結果として，巡回部分空間を分解しても，基本定理の条件に合致することにはならない．その意味で，素なものに分解できていると理解できて，reduction が実現していることになる．

閑話 これまでのテストから $F_2(u, v)$ が比較的滑らかな関数でありそうだと考え，リー–ウイナーの回路でなくて，直接 $\dot{B}(t)$ 続いて $\dot{B}(s)$ ただし $t < s$ を入力したら $F_2(t, s)$ がわかるのではないか？ という乱暴なことが考えられる．我々は，ホワイトノイズの**超**汎関数を持っているので，全く夢物語ではあるまい．勿論入力はホワイトノイズの近似になるが．これを何回か異なる時間の組を選んでテストしてはどうであろうか？ 手間は極めて簡単になるが．**休題**

補　遺*

　ホワイトノイズの数理の歴史は浅い．始まってからまだ半世紀にもみたない新しい純粋数学の一分野である．それだけに活気に満ち溢れている．この理論が創始されるや，多くの数学者の深い関心を集め，ついで物理学者や情報理論研究者，さらには分子生物学者との研究上の連携も次第に深まり，各方面からの積極的な支持を得て純粋数学の一翼を担って急速に発展してきた．その内容は，いわば確率解析の側面を強くする傍ら，他分野と研究課題も共有しながら今日に至っている．このことは，ホワイトノイズ理論の内容が当然大きく確率論に依存するが，その枠内に留まらず広く解析学をはじめとする他の多くの分野の知識の恩恵を受けてきたことを示している．また，この理論で扱える諸課題は少なからず数学以外の諸分野からの問題提起を受けて来ている．といっても，これは応用数学ではない．

　大分前のことになるが，東京理科大学理工学部情報科学科で話を聞いて頂く機会を与えられ，当時のトピックをお話したところ大変温かく迎えて頂き，また良い反響もあって大いに元気づけられた．これを契機に集中講義や単独講演の機会を何度も準備して頂いた．また，同学部における研究プロジェクトにも参加する機会があった．その他にもいろいろな研究面でご配慮を頂き今日に至っている．さらに，ホワイトノイズ解析に対する私の理想も聞いて頂き，また参加者からの多くの有益なコメントを享受することができて，この理論の発展に大きく寄与したのである．これこそ私の無上の喜びである．このような積極的なご支持を頂いたのは国内では例がなく，東京理科大理工

---

* 本文で述べるにはそぐわない事柄や謝辞を補遺としてまとめた．

学部の特別なご配慮に深い感謝の気持を表したい．そのような時期と重なるように一つのイベントがあった．すなわち，アメリカ数学会が 2000 年版の AMS Subject Classification に新しく

60H40　*White Noise Theory*

としてホワイトノイズ理論を取り上げたことである．いわば数学の中で市民権を得てホワイトノイズ理論が追い風を受ける状況になり，理論の発展が促されることになった．また，このたび，これらの講演内容や研究発表の結果をまとめて，書物として刊行されることになった．大変有難く思っている．執筆をお勧め頂いた大矢雅則教授に厚く御礼申し上げる次第である．

　本書の内容は講義録をベースにしているため言葉による表現のスタイルには威厳を欠くところが多いが，親近感の現れとご容赦いただきたい．また内容が重複するところもあるが，重要さの強調のため講義では繰り返したところであり，これもご理解を頂きたい．

　脱稿にあたり原稿を一読したとき，ホワイトノイズ理論が発展途上であるために記述を躊躇した事実にも気がつく．いま，それを加え，いくらかの私見も述べて本文への補足としたい．

　独立な確率変数の系が確率解析の基本であることは本文で度々強調しているが，その確率変数列の個数にはいろいろな可能性がある．有限個の場合は例外として，無限といっても，可算無限，例えば $X_1, X_2, \ldots, X_n, \ldots$ のような離散的な場合と，$X_t, t \in (-\infty, \infty)$, のような連続的な場合があげられる．前者をデジタルな場合，後者をアナログな場合という．アナログの場合，基本的な確率変数を座標ベクトルの系としたとき，その系は汎関数の変数をなすもので，パラメータを t とすれば，解析をする場合 $\sqrt{dt}$ の解析であって，デジタルのときと大きく違ってくる．デジタルな場合は，ランダムでない初等微積分と本質的には変わらない．この違いが最も重要な点である．その様子を示しているのがレヴィによるブラウン運動の内挿法による近似である（命題 1.2 参照）．初等解析における区分求積と違って，近似の折れ線は勾配 $\frac{1}{\sqrt{dt}}$ が次第に大きくなり無限大に近づく．この現れとしてホワイトノイズ汎関数の解析における特殊な公式が登場する．デジタルはアナログを近似するが，そ

の近似のあり方が普通とは大いに違うのである．このような背景を踏まえて本文における多くの公式を眺め直して頂きたい．

　もう一つのことは，本書のタイトルを『ホワイトノイズ』としたことである．この言葉は自然科学の諸分野で，また通信理論やその他の分野で親しく用いられている．ノイズはランダム量で熱雑音のようにその不規則性が高く，何かと邪魔者扱いされることも多かった．ホワイトは白色というよりも「無色」ということが期待されていた．すなわち，そのスペクトルが一様（理想的にみて）という意味である．本書では，一様スペクトルの他に分布がガウス型であることも要求して単に「ホワイトノイズ」という．確率論ではしばしばこのような理解のもとで用いられている．この場合，各時点で独立なガウス型超過程（[20] 参照）となる．筆者は，本書のタイトルが読者の期待を裏切ることにならないよう期待するものである．

　補遺の最後は多くの方々への謝辞である．最初は，補遺の前半に述べたような東京理科大におけるいくつかの私の講義内容をまとめて書物にするようにと勧めてくださった東京理科大学理工学部情報科学科の大矢雅則教授である．講義の際，あるいは個人的討論の際にも貴重なコメントを頂いた．深く御礼申し上げたい．このような数回の講義に際して，同学科の戸川美郎教授，渡邉昇教授には格別のご後援を頂き，おかげで私の意のある所を話すことができた．もともと 1996 年に東京理科大学理工学部で始まった文部科学省のハイテク・リサーチ・センター研究プロジェクトに声をかけて頂いたことが起源となった．続く量子生命情報研究センターの研究会でも勉強させて頂いた．このときも，上記の先生方をはじめ，物理学の尾立晋祥教授や生物学の山登一郎教授との有益な討論は忘れることはできない．ご好意に感謝する次第である．さらに，熱心な学生さん達からいろいろな質問があり大いに啓発されたことは，誠に喜ばしいことであった．

　また，東京都市大学の吉田稔教授のお勧めで同大学で集中講義をさせていただきコメントを頂いたことは大変有り難く，本書の原稿を改良するもとにもなった．

　一方，地元の名古屋では，名古屋大学における恒例の「ホワイトノイズ・セミナー」において絶えず参加者から有意義なコメントを頂いてきた．櫃田

倍之教授，Si Si 教授，清水哲二氏他である．特に Si Si 教授からはいろいろなコメントを貰い，また TeX 原稿の作成に全面的にご支援を頂いた．お礼を申し上げ，これらの方々とともに脱稿を喜び合いたいと思う．

　出版社の方々にも大変お世話になった．出版計画の段階ではシュプリンガー・ジャパンのスタッフに，制作の段階に入ってからは丸善出版のスタッフに種々ご協力を頂いた．遅筆の筆者が脱稿までに漕ぎ着けることができたのもこれらの方々のお陰と感謝している．

付録 A

A.1 抽象ルベーグ空間

我々が扱う確率空間は抽象ルベーグ空間である．そこではルベーグ式の微積分が可能である．前述のように，そこでは連続無限個の独立な（通常の）確率変数の系は扱えない．

註 抽象ルベーグ空間の概念はローリン (V.A. Rohlin) による．

V.A. Rohlin, On the fundamental ideas of measure theory.

AMS English Translation Ser. 1, vol. 10 (1962) 1–54, Russian Original. Mat. Sbornik 25 (1949) 107–150.

ローリンの設定に従って，抽象ルベーグ空間の説明から始めよう．その要点のみの議論として要約した報告がある（下記）ので，ここではそれによる．

池田・飛田・吉沢, Flow の理論 (上), Seminar on Probability, vol. 12, 1962.

一般の測度空間について，いくつかの定義をしておく．

定義 A.1 測度空間 $(\Omega, \mathbf{B}, \mu)$ が**可分**とは，次の条件 (i), (ii) を満たす $\mathbf{B}$ の可算部分集合 Γ が存在することである．

(i) すべての $B \in \mathbf{B}$ に対して $A \in \mathbf{B}\{\Gamma\}$ が存在して，$B \subset A$ かつ $B = A \bmod 0$.

(ii) すべての $x, y \in \Omega$ に対して，$G \in \Gamma$ が存在して $x \in G, y \in G^c$.

このような Γ のことを Ω の**基底**という.

定義 A.2 測度空間 $(\Omega, \mathbf{B}, \mu)$ が可分とする.それが**完全**であるとは,次のような基底 $\Gamma = \{B_\beta\}$ が存在することである:各 β に対して A_β を B_β または B_β^c とするとき

$$\bigcap_\beta A_\beta \neq \emptyset. \tag{A.1}$$

測度空間が完全ならば,上の定義における A_β をどちらに選んでも $\bigcap A_\beta$ は 1 点である.また Ω の任意の点 ω に対して $\{A_\beta\}$ が存在して,

$$\bigcap_\beta A_\beta = \{\omega\}$$

となる.

註 完全性の条件は可測集合の set transformation から point transformation が導かれるための条件となる.

定義 A.3 測度空間は,それと mod 0 で同型で可分な測度空間が存在するとき**抽象ルベーグ空間**または抽象的ルベーグ空間,あるいは (L)-空間という.そのときの測度を**抽象ルベーグ測度**または (L)-測度という.

単位区間 $I = [0,1]$ をとり,通常のルベーグ(測度)空間を $(I, \mathbf{I}, m)$ と書く.

命題 A.1 ルベーグ空間 $(I, \mathbf{I}, m)$ は (L)-空間である.

証明 ラーデマッハー (Rademacher) の直交関数系をヒントにして集合属 Γ を構成すればよい.

定義 A.4 (L)-空間において,正測度を持つ可測集合 A が $\mu(A) > \mu(B) > 0$ となる可測集合 B を持たないとき,A は**アトム**であるという.

命題 A.2 (L)-空間において,アトム B は mod 0 で 1 点のみからなる.

証明 Γ の要素で B に含まれるものはない.よって

$$\mu(A_\beta \cap B) = \mu(B)$$

一方
$$\bigcup_\beta (A_\beta \cap B) = \{p\}$$
すなわち 1 点である. かつ
$$\mu(\{p\}) = \mu(B).$$

次の基本定理がある.

定理 A.1 確率空間で, それがアトムを持たない (L)-空間であれば, それはルベーグ空間 $(I, \mathbf{I}, m)$ と mod 0 で同型である.

$\Omega = C([0,1])$ として, $(\Omega, \mathbf{B}, \mu^W)$ をウイナー空間(すなわちブラウン運動)とする.

定理 A.2 ウイナー空間はアトムを持たない (L)-空間である.

これら両定理の証明は上記 flow の理論に譲る.

我々は次の定理を conjecture として述べる.

定理 A.3 レヴィ過程は (L)-空間の上に構成される.

証明であるが, レヴィ過程を時間微分して, 超過程にし, その分布が E^* 上の良い測度になるので, それを利用する方法が考えられる.

ついでながら, ウイナーは盛んにルベーグ空間 $(I, \mathbf{I}, m)$ を用い, ブラウン運動の構成もこの空間の上で実施している. 彼は標本点を ω でなくて, α を用いる. この空間をウイナーの確率空間ということがある.

A.2 ボホナー–ミンロスの定理

有限次元ユークリッド空間上の確率測度 μ とその特性関数
$$\varphi(z) = \int e^{i\langle x, z\rangle} d\mu(x)$$
とが 1:1 に対応することは S. ボホナーの定理としてよく知られている. これを無限次元の場合に拡張したのが, ミンロスである. 我々は本書でこの事

実を用いた．ここでは，簡単にその解説を行う．詳しくは [104] 参照．

まず，厳密な意味で，その確率分布の実態を明らかにしたい．それには，有名なボホナー–ミンロスの定理を用いるのがよい．

ボホナー–ミンロスの定理を，一般的記述は措いておき，すぐに我々の議論に適用できる形にして述べよう．内容の理解のため，証明も詳しく述べる．そのために準備から始める．

計算を簡単にするため，一応，パラメータ n は自然数全体を亘るものとする．基礎となるヒルベルト空間は $l^2 = \{\xi = (\xi_1, \xi_2, \ldots); \sum \xi^2 < \infty\}$ で，その規準ノルムは $\|\xi\| = \sqrt{\sum |\xi_k|^2}$ である．

ヒルベルト空間 l^2 の部分空間でより強い位相の入った空間 E をとる：

$$E = \left\{\xi = \{\xi_1, \xi_2, \ldots\}; \sum k^2 \xi_k^2 < \infty\right\}.$$

$\xi \in E$ に対してノルム $\|\xi\|_1$ を次式で定義する：

$$\|\xi\|_1 = \sqrt{\sum k^2 \xi_k^2}.$$

明らかに $\|\cdot\|_1$ はヒルベルト・ノルムである．すなわち，それは内積から導かれる．これによって E は位相ベクトル空間，特に l^2 で稠密なヒルベルト空間になる．空間 E のノルムの定義から明らかなように，E から l^2 の中への恒等写像，すなわち単写

$$T : E \longrightarrow l^2$$

はヒルベルト–シュミット型である．

l^2 の内積 $\langle \cdot, \cdot \rangle$ を規準にして，E の共役空間 E^* が定義できる．このとき，E^* の元 $x = (x_1, x_2, \ldots)$ のノルムは

$$\|x\|_{-1} = \sqrt{\sum_k \frac{1}{k^2} x_k^2}$$

となり，E と E^* を結ぶ連続な双一次形式

$$\langle x, \xi \rangle = \sum_i x_i \xi_i, \quad x = (x_i) \in E^*, \xi = (\xi_i) \in E$$

が定義される．

このとき次の三つ組が得られる：

$$E \subset l^2 \subset E^*.$$

ここで，二つの包含関係は，ともに，左から右へ連続な単写である．容易に示されるように，単写 $T^* : l^2 \mapsto E^*$ も，またヒルベルト–シュミット型である．写像 T および T^* のヒルベルト–シュミット・ノルムは

$$\|T\|_2 = \|T^*\|_2 = \sqrt{\sum_{k=1}^{\infty} \frac{1}{k^2}}$$

で与えられる．

一方，$\xi \in E$ に対して

$$\langle X, \xi \rangle = \sum X_k \xi_k, \quad \mathbf{X} = (X_k)$$

が考えられる．ここで，$\{X_k\}$ は i.i.d. で，各 X_k は $N(0,1)$ に従うものとする．

そのときわかることは，$\langle X, \xi \rangle$ はすべての $\xi \in E$ に対して，ほとんど確実に存在して，和はやはりガウス分布 $N(0, \|\xi\|^2)$ に従うということである．（注意．$\|\cdot\|_2$ は l^2-ノルムである．）

命題 A.3 次の平均値で表される ξ の連続な（位相は l^2 の $\|\cdot\|$ で）汎関数 $C(\xi)$ が存在する：

$$C(\xi) = E\left(e^{i\langle X, \xi \rangle}\right) = \exp\left[-\frac{1}{2}\|\xi\|^2\right], \quad \xi \in E. \tag{A.2}$$

証明 $\sum_1^n X_k \xi_k$ が $\langle X, \xi \rangle$ へ平均収束するから，

$$C(\xi) = \lim_n E\left(e^{i\sum_1^n X_k \xi_k}\right) = \lim_n \exp\left[-\frac{1}{2}\sum_k^n \xi_n^2\right] = \exp\left[-\frac{1}{2}\|\xi\|^2\right].$$

$\|\xi\|$ は l^2 における連続関数だから，主張が証明される． □

ここで，大事な注意がある．$(X_1, X_2, \ldots, X_n)$ は n 次元標準ガウス分布に従うので，勿論その分布は $\mathbf{R}^n$ 全空間に広がっている．しかし $n \to \infty$ のとき，直観的に言えば，全空間ではなくて，そのごく一部である半径 $\sqrt{\infty}$ の球

面，$S^\infty(\sqrt{\infty})$ 上に分布する．この直観的な観察は，本論でしばしばみてきたように，強大数の法則から理解できることであろう．

ここで $\mathbf{X} = (X_1, X_2, \ldots)$ の確率分布を確定しよう．実際 (A.2) の $C(\xi)$ は $\mathbf{X}$ の（無限次元）確率分布の特性汎関数である．ここで大まかな意味で，無限次元確率分布とか，その特性関数という言葉を使ったが，それらの存在や実態を明らかにしてくれる理論にボホナー–ミンロスの定理がある．

ボホナー–ミンロスの定理と解説

現在の設定に適用可能な範囲で定理を述べると，

定理 A.4 l^2 上の正の定符号である連続な汎関数 $C(\xi)$ が $C(0) = 1$ を満たせば，E^* 上の確率測度 m で，

$$C(\xi) = \int_{E^*} e^{\langle x, \xi \rangle} \, dm(x)$$

を満たすものが存在する．

解説 議論はいくつかの段階に分かれる．

(1) 有限次元（周辺）分布．

いま，E の n 次元部分空間 $F_n = \{(\xi_1, \xi_2, \ldots, \xi_n, 0, 0, \ldots)\} \, (\subset E \subset l^2 \subset E^*)$ をとる．そこで，容易にわかるように，F_n の共役空間は

$$F_n^* = \{(x_1, x_2, \ldots, x_n, 0, \ldots)\}$$

と同型である．さらに，

$$F \cong \mathrm{R}^n \cong (\mathrm{R}^n)^* \cong F_n^*$$

である．

E から F_n への射影を $\rho_n : E \mapsto F_n \cong \mathrm{R}^n$，$E^*$ から F_n^* への射影を $\rho_n^* : E^* \mapsto F_n^* \cong \mathrm{R}^n$ と書くことにする．

記号 $C_n(\xi)$ で $C(\xi)$ の F_n への制限を表す．それは R^n で定義された特性関数 $C_n(\xi_1, \xi_2, \ldots, \xi_n)$ とみなせる．ゆえに，有限次元の場合の特性関数について，よく知られた S. ボホナーの定理により R^n 上の確率測度 m_n が存在して

$$C_n(\xi) = \int_{\mathrm{R}^n} e^{i \langle x, \xi \rangle_n} \, dm_n(x) \qquad \text{(A.3)}$$

を満たす．詳しく言えば次のようになる．
$$F_n^a = \{x \in E^*; \langle x, \xi \rangle = 0 \text{ for any } \xi \in F_n\}$$
とおく．明らかに F^a の余次元は n であり，商空間 E^*/F_n^a が構成できる．そこで，双一次形式
$$\langle \tilde{x}, \xi \rangle_n = \langle x, \xi \rangle, \quad \xi \in F_n,$$
が得られる．ただし $\tilde{x}$ は x を含む E^*/F^a のクラスである．ここで $\langle \tilde{x}, \xi \rangle_n$ が R^n と $(\mathrm{R}^n)^* \cong \mathrm{R}^n$ とをつなぐ双一次形式と同型であることが示される．そして，
$$F \cong \mathrm{R}^n \cong (\mathrm{R}^n)^* \cong E^*/F_n^a$$
となる．

記号 $C_n(\xi)$ で $C(\xi)$ の F_n への制限を表す．それは R^n で定義された特性関数である．ゆえに，有限次元の場合の特性関数について，よく知られた S. ボホナーの定理により E^*/F_n^a 上の確率測度 m_n が存在して
$$C_n(\xi) = \int_{E^*/F_n^a} e^{i\langle \tilde{x}, \xi \rangle_n} \, dm_n(\tilde{x})$$
となる．こうして，確率測度空間 $(E^*/F^a, \mathbf{B}_n, m_n)$ が得られる．ただし，$\mathbf{B}_n$ は E^*/F_n^a の部分ボレル集合から生成される完全加法族である．

(2) 測度空間の系の一致性（共存性）とその極限．

作用素 $\rho_{k,n}$, $n > k$, は R^n から R^k への射影 $\rho_{k,n}: \mathrm{R}^n \mapsto \mathrm{R}^k$ とする．そのとき，
$$\rho_{k,n}\rho_n = \rho_k, \; C_k(\rho_{k,n}\xi) = C_n(\xi), \quad \xi \in F_n, \tag{A.4}$$
が成立する．

測度の系 $(\mathrm{R}^n, \mathbf{B}_n, m_n)$ は関係式 (A.4) により一致性
$$m_k(A) = m_n(\rho_{k,n}^{-1} A), \quad A \in \mathbf{B}_k,$$
が成り立っている．

E^* の筒集合の系からなる完全加法族を $\mathbf{B}$ とおく．

次に $(\mathrm{R}^n, \mathbf{B}_n, m_n)$ の極限を次のように考える．実際，有限加法的集合族

$\mathbf{A} = \bigcup_n \rho_n^{-1} \mathbf{B}_n$ を用いて有限加法的測度空間 $(E^*, \mathbf{A}, m)$ を
$$m(A) = m_n(B), \quad A = \rho_n^{-1}(B), \ B \in \mathbf{B}_n,$$
で定義することができる.

この有限加法的な測度を完全加法的なものに拡張するには，深い考察が必要である．それを次に説明する．

(3) 拡張定理.

始めに次の補題を証明しよう.

補題 A.1 μ_n を空間 $\mathbf{R}^n$ 上の確率測度とし，$\varphi_n(z)$ をその特性関数とする．$\mathbf{R}^n$ の球 $U(r)$ を
$$U(r) = \left\{ z = (z_1, z_2, \ldots z_n); \sum_{i=1}^n z_j^2 \leq r^2 \right\}$$
によって定義し，$\beta = (1 - e^{-1/2})^{-1/2}$ とおく．与えられた $\varepsilon > 0$ に対して，$U(r)$ 上で
$$|\varphi_n(z) - 1| < \frac{\varepsilon}{2\beta^2}$$
が成り立つとする．また，楕円体 $V(t)$ を
$$V(t) = \left\{ (x_1, x_2, \ldots, x_n); \sum_{j=1}^n a_j^2 x_j^2 < t^2, \ a_j > 0, \ 1 \leq j \leq n \right\}$$
で定義しておく．このとき，不等式
$$\mu_n(V(t)^c) < \frac{\varepsilon}{2} + \frac{2\beta^2}{r^2 t^2} \sum_1^n a_j^2$$
が成り立つ．

証明 次の式が成り立つ.
$$\begin{aligned} I &= \int_{\mathbf{R}^n} \left(1 - e^{-\frac{1}{2t^2} \sum_1^n a_j^2 x_j^2} \right) d\mu_n(x) \\ &\geq \int_{V(t)^c} \left(1 - e^{-\frac{1}{2t^2} \sum_1^n a_j^2 x_j^2} \right) d\mu_n(x) \end{aligned}$$

$$\geq \int_{V(t)^c} \left(1 - e^{-\frac{1}{2}}\right) d\mu_n(x)$$
$$= \frac{1}{\beta^2} \mu_n(V(t)^c).$$

関数 $e^{-\frac{1}{2t^2} \sum_1^n a_j^2 x_j^2}$ が R^n 上のガウス分布の特性関数なので,

$$\int_{\mathrm{R}^n} \varphi_n(z) e^{-\frac{t^2}{2} \sum_1^n z_j^2/a_j^2} dz^n = \int_{\mathrm{R}^n} \int_{\mathrm{R}^n} e^{i \sum_1^n x_j z_j} e^{-\frac{t^2}{2} \sum_1^n z_j^2/a_j^2} dz^n d\mu_n(x)$$
$$= \prod_j a_j \left(\frac{2\pi}{t^2}\right)^{n/2} \int_{\mathrm{R}^n} e^{-\frac{1}{2t^2} \sum_1^n a_j^2 x_j^2} d\mu_n(x)$$

であることに注意して計算を続けよう.

$$I = \frac{1}{\prod_j a_j} \left(\frac{t^2}{2\pi}\right)^{n/2} \int_{\mathrm{R}^n} (1 - \varphi_n(z)) e^{-\frac{t^2}{2} \sum_1^n z_j^2/a_j^2} dz^n,$$
$$I \leq \frac{1}{\prod_j a_j} \left(\frac{t^2}{2\pi}\right)^{n/2} \left(\int_{U(r)} |1 - \varphi(z)| e^{-\frac{t^2}{2} \sum_1^n z_j^2/a_j^2} dz^n\right.$$
$$\left. + \int_{U(r)^c} |1 - \varphi(z)| e^{-\frac{t^2}{2} \sum_1^n z_j^2/a_j^2} dz^n\right)$$
$$< \frac{\varepsilon}{2\beta^2} + \frac{1}{\prod_j a_j} \left(\frac{t^2}{2\pi}\right)^{n/2} \frac{2}{r^2} \int_{U(r)^c} \sum_1^n z_j^2 e^{-\frac{t^2}{2} \sum_1^n z_j^2/a_j^2} dz^n$$
$$< \frac{\varepsilon}{2\beta^2} + \frac{2}{r^2 t^2} \sum_1^n a_j^2.$$

よって, $\mu(V(t)^c) < \dfrac{\varepsilon}{2} + \dfrac{2\beta^2}{r^2 t^2} \sum_1^n a_j^2$ を得て, 証明が終わった. □

こうして有限加法的な測度空間 $(E^*, \mathcal{A}, m)$ が完全加法的な (真の) 測度空間に拡張する準備が整った.

測度空間の構成

この目的のために, 我々は, 積分論でよく知られた有限加法的測度の拡張定理を用いる. ただし, 我々の目的に合う形にしておく. そのため, もう一つ補題を準備する.

補題 A.2 $\mathcal{A}$ から生成される完全加法的集合族 $\mathcal{B}$ とするとき，有限加法的測度空間 $(E^*, \mathcal{A}, m)$ が完全加法的測度空間 $(E^*, m, \mathcal{B})$ に拡張されるための必要十分条件は，E^* の球を

$$V(t) = \{x \in E^*, \|x\|_{-1} \leq t\}$$

とおくと，任意の $\varepsilon > 0$ に対して，$A \cap V(t) = \emptyset$ ならば

$$\mu(A) < \varepsilon$$

が成立するような t が存在することである．

証明 必要なこと．

求める拡張 μ が存在すれば $V(n)$ が存在して $\mu(V(n)^c) < \varepsilon$ となる．よって結論が従う．

十分なこと．

集合系 $\{A_n\}$ を E^* の分割としよう．m は有限加法的な確率測度だから，任意の k に対して

$$\sum_{n=1}^{k} m(A_n) \leq 1$$

となる．したがって，任意の k に対して

$$\sum_{n=1}^{\infty} m(A_n) \leq 1$$

である．仮に，$\sum_{n=1}^{\infty} m(A_n) < 1$ だったとしよう．例えば

$$\sum_{n=1}^{\infty} m(A_n) < 1 - 3\varepsilon < 1$$

とする．任意の A_n に対して（開）筒集合 A'_n があって，$A'_n \supset A_n$ かつ $m(A'_n - A_n) < \frac{\varepsilon}{2^n}$ となる．

明らかに $\bigcup A'_n \supset E^*$ である．t を補題の条件のように選ぶと，球は弱コンパクトであるから，有限個の A'_n が存在して $A' = \bigcup_1^n A'_n \supset V(t)$ となる．したがって

$$m(A') \leq \sum_{n=1}^{k} m(A_n) + \varepsilon$$

である．仮定から
$$m(A'^c) < \varepsilon$$
でなければならない．ゆえに
$$1 \leq \sum_{n=1}^{k} m(A_n) + \varepsilon + \varepsilon \leq 1 - 3\varepsilon + 2\varepsilon = 1 - \varepsilon$$
であり，矛盾である．したがって，$\sum_{n=1}^{\infty} m(A_n) = 1$ となる．このことから，完全加法性が示せる． □

定理の証明 これまでのことを組み合わせる．

任意に固定された $\varepsilon > 0$ に対して，$C(z)$ の $z \in l^2$ に関する連続性から，l^2 の球 $U(r)$ で，
$$|C(z) - 1| < \frac{\varepsilon}{2\beta^2}, \quad z \in U(r)$$
となるものがとれる．

$a_j = 1/j$ ととると，$\|x\|_{-1}^2 = \sum_j a_j^2 x_j^2$ であり，E^* の球 $V(t)$ を，半径が $t = \frac{2\beta \|T^*\|_2}{r\sqrt{\varepsilon}}$ なるものとする．そうすれば $V(t)$ は補題の条件を満たす．

実際，筒集合 $A \in \mathcal{A}$ が $V(t)$ の外側にあり，さらに，この筒集合が有限次元空間 F_n に基づくものであれば，次の式を満たす n 次元ボレル集合 $B \in \mathbf{B}_n$ が存在する：
$$A = \rho_n^{-1}(B), \quad B \cap \rho_n V(t) = \emptyset.$$
ここで，$V_n(t) = \left\{ x = (x_1, x_2, \ldots, x_n); \sum_{j=1}^{n} a_j^2 x_j^2 < t^2 \right\}$ とおくと，$\rho_n V(t) \subset V_n(t)$ が成り立つ．補題 A.1 と $\|T^*\|_2^2 = \sum a_j^2$ により，

$$m(A) \leq m_n(\rho_n^{-1} V_n(t)^c) \leq \frac{\varepsilon}{2} + \frac{2\beta^2}{r^2 t^2} \sum_1^n a_j^2$$
$$< \frac{\varepsilon}{2} + \frac{2\beta^2}{r^2} \sum_1^n a_j^2 \frac{\varepsilon r^2}{4\beta^2 \|T^*\|_2^2} < \varepsilon.$$

補題 A.2 により，測度は E^* に拡張でき，定理が証明された． □

命題 A.3 の $C(\xi)$ に適用するために，以上をまとめる．

$C(\xi) = e^{-\frac{1}{2}\|\xi\|^2}$ は l^2-ノルムに関して連続であり,単射 $l^2 \mapsto E^*$ がヒルベルト–シュミット型であることから次の結論が得られた.

定理 A.5 等式 (A.2) で与えられる $C(\xi), \xi \in E$, に対して $(E^*, \mathbf{B})$ 上の確率測度 μ が一意に定まり,$C(\xi)$ は μ の特性汎関数である:

$$C(\xi) = \int_{E^*} \exp[i\langle x, \xi\rangle] \, d\mu(x).$$

系 A.1 測度 μ は $\mathbf{Y} = \{Y(k)\}$ の確率分布であり,その n 次元周辺分布は n 次元標準ガウス分布である.

測度空間 $(E^*, \mathbf{B}, \mu)$ はホワイトノイズ $\mathbf{Y}$(定義 A.1)の分布であるため,この測度空間もまた(離散パラメータの)**ホワイトノイズ**と呼ぶ.詳しくはガウス型ホワイトノイズと言う.

離散パラメータ・ホワイトノイズの特徴となる性質のいくつかを挙げよう.実際,上で求めた確率ベクトル $\mathbf{Y}$ の確率分布 μ を観察するのに好都合な方法をいくつか例として挙げよう.

(i) $Y(k), k \in \mathbf{Z}$ は独立な確率変数列であるから,分布は1次元標準ガウス分布 m の可算個の直積である:

$$\mu = \prod_{k \in \mathbf{Z}} m_k, \quad m_k = m, k \in \mathbf{Z},$$

この μ は $\mathbf{R}^{\mathbf{Z}}$ に導入される.$\mathbf{B}$ を $\mathbf{R}^{\mathbf{Z}}$ のボレル集合族として確率空間 $(\mathbf{R}^{\mathbf{Z}}, \mathbf{B}, \mu)$ が構成される.

しかし,μ の「台」は $\mathbf{R}^{\mathbf{Z}}$ 全体に広がるわけではない.台は定義していないが,主張したいことは,$\mathbf{R}^{\mathbf{Z}}$ の真部分集合(勿論可測,直観的には極めて小さい)で μ-測度 1 のものが存在する.直観的な観方はすでに本節の始めに述べた.

例 A.1 $Y(n)^2$ は独立確率変数列で $E(Y(n)^2) = 1, E(Y(n)^4) = 3$ で,分散有限である.したがって大数の法則から,ほとんど確実に

$$\lim_{N \to \infty} \frac{1}{N} \sum_{k=1}^{N} Y(k)^2 = 1$$

である．これを分布の方でみれば，$x = \{x_n\}$ は標本点であり，
$$A = \left\{ x; \lim \frac{1}{N} \sum_1^N x_k^2 = 1 \right\}$$
とおくとき，
$$\mu(A) = 1$$
である．μ は A に支えられていると言ってよい．その A は全体 $\mathbf{R}^{\mathbf{Z}}$ に比べて極めて小さい．

これはホワイトノイズ（の確率分布）の別な見方である．$\mathbf{Y} = \{Y(k)\}$ は i.i.d. 確率変数列であるため，その分布は各 $Y(k)$ の分布である標準ガウス分布 $m_k = m$ の無限直積測度 $m^{\mathbf{Z}}$ としてよい．すなわち $(\mathbf{R}^{\mathbf{Z}}, \mathbf{B}^{\mathbf{Z}}, m^{\mathbf{Z}})$ である．しかし，有限次元のときと違って，上に見たように，$m^{\mathbf{Z}}$ を支える測度は $\mathbf{R}^{\mathbf{Z}}$ のごく一部でしかない．

A.3 再生核ヒルベルト空間

ここでは，まず再生核ヒルベルト空間の定義をして，次に正の定符号関数があったとき，それを再生核に持つヒルベルト空間が構成できることを示す．そして，そのような空間の有用性を見て，ホワイトノイズ理論に有効な働きをする事情を理解する．

1. ここで扱うヒルベルト空間は，集合 E 上で定義された関数 $f(x), x \in E$, からなる複素ベクトル空間 $\mathcal{F}$ とする．当面 E に位相は考えない．一方，$\mathcal{F}$ の内積を $(\cdot, \cdot)$ で表す．

定義 A.5 二変数関数 $C(x, y)$ は次の二条件を満足するとき，$\mathcal{F}$ の**再生核**という．

(i) 任意に固定した $y \in E$ について，$C(x, y)$ は x の関数として $\mathcal{F}$ に属する．

(ii) 任意の y と任意の $f \in \mathcal{F}$ に対して
$$(f(\cdot), C(\cdot, y)) = f(y).$$

命題 A.4 再生核ヒルベルト空間が実ヒルベルト空間ならば，その再生核は対称である．

証明 再生核の性質から

$$\begin{aligned}C(\xi,\eta) &= (C(\,\cdot\,,\xi),C(\,\cdot\,,\eta))\\ &= (C(\,\cdot\,,\eta),C(\,\cdot\,,\xi))\\ &= C(\eta,\varphi).\end{aligned}\qquad\square$$

定理 A.6 $C(x,y)$, $x,y \in E$, が実数値をとる正の定符号関数であれば，E 上で定義された複素数値関数のなす関数空間で $C(x,y)$ を再生核とする再生核ヒルベルト空間 $\mathcal{F}$ が存在する．

証明 二つの要素

$$f(x) = \sum_j a_j C(x,y_j),$$
$$g(x) = \sum_k b_k C(x,z_k)$$

の積（実は準内積）を

$$(f,g) = \sum_{j,k} a_j b_k C(z_k, y_j)$$

と定める．これは C による f, g の表現に依存しない双 1 次形式である．この積を $\{C(\,\cdot\,,x),\ x \in E\}$ で生成される実ベクトル空間 $\mathcal{F}_1$ にまで拡張し，記号 $(\,\cdot\,,\,\cdot\,)_1$ で表す．ここでも

$$(f, C(\,\cdot\,,x))_1 = f(x)$$

は成り立つ．

$$\mathcal{F}_0 = \{f;\ (f,f) = 0,\ f \in \mathcal{F}_1\}$$

により $\mathcal{F}_0$ を定義すると，それは $\mathcal{F}_1$ の部分空間となる．したがって商空間

$$\mathcal{F}' = \mathcal{F}_1/\mathcal{F}_0$$

が定義できる.$\mathcal{F}'$ の元を $\bar{f}$ のように記す.代表元が f と理解する.また,同じ了解のもとに

$$(\bar{f}, \bar{g}) = (f, g)$$

とする.明らかに

$$(\bar{f}, \bar{f}) = 0 \quad \text{ならば} \quad \bar{f} = 0$$

である.すなわち $\|f\| = \sqrt{(f,f)}$ はヒルベルト・ノルムになる.このノルムで $\mathcal{F}'$ を完備化したものはヒルベルト空間である.これを,最終的に $\mathcal{F}$ とし,その元も f, g のように記す.$C(x,y)$ もそのままの記号でも混乱はないであろう.そして

$$(f, C(\cdot, x)) = f(x)$$

も保証される.こうして再生核ヒルベルト空間ができて,証明を終わる.□

今示したのは,正の定符号関数があるとき,それを再生核とする再生核ヒルベルト空間を構成し,結果として存在定理も示したことになる.実は,再生核を指定したときに,上のようにしてできた空間は最小の再生核ヒルベルト空間である.

いくつかの注意を述べる.

1. 本書で盛んに再生核ヒルベルト空間 $\mathcal{F}$ を用いたが,それは特性汎関数から出発したもので,ボホナー–ミンロスの定理が成り立つ場合であった.すなわち,確率測度 μ が対応して,ヒルベルト空間 $L^2(\mu)$ がある.二つの異種のヒルベルト空間があって,両者は同形対応で結ばれる.それぞれの特性を持つが,それを活かせた扱いをしてきた.

例えば,

命題 A.5 $\mathcal{F}$ における弱収束は各点収束を導く.

証明は明らかである.すなわち,f_n が f に弱収束ならば,

$$(f_n, C(\cdot, x)) = f_n(x)$$

が収束する.すなわち右辺が収束列を形成する.

A.4 核型空間の例

始めに核型空間の我々の定義を明らかにしておく．

ベクトル空間 E は，可算個の compatible なヒルベルト・ノルム $\|\cdot\|_n$, $n \geq 0$, により位相が定義され，かつ完備であるとき**可算ヒルベルト核型空間**という．単に**核型空間**と呼ぶこともある．ヒルベルト・ノルムとは，内積 $(\cdot,\cdot)$ から $(f,f) = \|f\|^2$ のようにして決まるノルム $\|\cdot\|$ をいう．したがって，そのとき，$\|\cdot\|_n$ による E の完備化 E_n はヒルベルト空間である．また，任意の m に対して $n\,(>m)$ が存在して，$H_m \subset H_n$ であるが単射

$$i_{n,m} : H_n \longrightarrow H_m$$

はヒルベルト–シュミット型となる．

実際は可算ノルムについては，単調性

$$\|\cdot\|_0 \leq \|\cdot\|_1 \leq \cdots \leq \|\cdot\|_n \leq \cdots$$

と仮定してよいことがわかる．したがって，ヒルベルト空間の列については

$$E_0 \supset E_1 \supset \cdots \supset E_n \supset \cdots$$

となる．さらに

$$E_{n+1} \longrightarrow E_n$$

がヒルベルト–シュミット型であると仮定してもよい．このとき，$\|\cdot\|_0$ を基準ノルム，E_0 を基準ヒルベルト空間という．この E_0 に関して E_n の共役空間を E_n^* と書けば，明らかに

$$E_0 = E_0^* \subset E_1^* \subset \cdots \subset E_n^* \subset \cdots$$

となる．また，もとの空間 E の共役空間を E^* とすれば

$$E^* = \bigcup_n E_n^*$$

である．

以下，可算ヒルベルト核型空間の例を挙げる．

例 A.2 単位円周 S^1 上で定義され，無限回微分可能な関数のなすベクトル空間を $\hat{\mathcal{D}}(\pi)$ とし，その元を $\xi(\theta)$, $-\pi \leq \theta \leq \pi$, と書く．この空間に可算個のノルム $\|\cdot\|_n, n \geq 0$, を導入する：

$$\|\cdot\|_n^2 = \sum_0^n \int_{-\pi}^{\pi} |\xi^{(k)}|^2 \, d\theta, \quad n \geq 0.$$

ただし，$\xi^{(0)}(\theta) = \xi(\theta)$ である．この $\|\cdot\|_n$ はヒルベルト・ノルムを定義している．明らかに

$$\|\xi\|_n \leq \|\xi\|_{n+1}$$

である．特に $\|\cdot\|_0$ は L^2 ノルムである．

空間 $\hat{\mathcal{D}}(\pi)$ は $\|\cdot\|_n, n \geq 0$, によって位相空間になる．ノルム $\|\cdot\|_n$ によって $\hat{\mathcal{D}}(\pi)$ を完備化した空間を $\hat{H}_n$ と書けば，ノルムの定義から

$$\hat{H}_n \supset \hat{H}_{n+1}$$

である．特に $\hat{H}_0 = L^2(S^1)$ である．また $\hat{H}_n$ は $n-1$ 回連続微分可能で $n-1$ 次導関数が絶対連続であり，そのラドン–ニコディム (Radon–Nikodym) 導関数が $L^2(S^1)$ に属するような関数の全体で

$$\bigcap_n \hat{H}_n = \hat{\mathcal{D}}(\pi)$$

となる．

この空間 $\hat{\mathcal{D}}(\pi)$ 大変好都合なことがある．それは各ヒルベルト空間 $\hat{H}_n$ に共通な完全直交系

$$\left\{ \frac{1}{\sqrt{2\pi}}; \frac{\sin k\theta}{\sqrt{\pi}}, \frac{\cos k\theta}{\sqrt{\pi}}, k \geq 1 \right\}$$

が存在することである．勿論ノルムは各 $\hat{H}_n$ で違っているが，H_0 においてのみ完全正規直交系になっている．$\hat{H}_n, n \geq 1$, においては

$$\left\| \frac{1}{\sqrt{2\pi}} \right\|_n^2 = 1,$$
$$\left\| \frac{\sin k\theta}{\sqrt{\pi}} \right\|_n^2 = \left\| \frac{\cos k\theta}{\sqrt{\pi}} \right\|_n^2 = \sum_{j=0}^n k^{2j}.$$

$m < n$ のとき $\hat{H}_n \subset \hat{H}_m$ である．$\hat{H}_n$ から $\hat{H}_n$ への恒等写像を T_m^n とする．それは，明らかに連続な単射であるが，さらに次の命題が成り立つ．

命題 A.6 任意の $n\ (\geq 0)$ に対して，T_n^{n+1} はヒルベルト–シュミット型である．

証明 上に選んだ完全直交系（ξ_n と書く）について
$$\sum \|T_n^{n*1}\xi_n\|_n^2 < \infty$$
が計算できて，命題の主張が証明される． □

この結果から T_n^{n+2} は核型となることがわかる．当然 $\hat{\mathcal{D}}$ は核型空間である．

例 A.3 空間 D_0．この空間は次式で与えられる．
$$D_0 = \left\{ f;\ f(u) \in \mathbf{C}^\infty,\ f\left(\frac{1}{u}\right)\frac{1}{|u|} \in \mathbf{C}^\infty \right\}.$$
本書の中でも説明しているが，実質は $\hat{\mathcal{D}}(\pi)$ と同型になるような関数空間として定義されている．位相もそれに合わせて定義し，核型空間にする．

単位円周上の関数 $\xi(\theta)$，$-\pi < \theta \leq \pi$，を直線上の関数 $f(u)$，$-\infty < u < +\infty$，に移す変換 γ を次のように決める：
$$\gamma: \xi(\theta) \longrightarrow f(u) = (\gamma\xi)(u) = \xi(2\tan^{-1} u)\frac{\sqrt{2}}{\sqrt{1+u^2}}.$$
変換 γ は $L^2(S^1)$ から $L^2(\mathbf{R}^1)$ への全単射であり，かつ等距離変換でもある：
$$\|\xi\|_{L^2(S^1)} = \|f\|_{L^2(R)}.$$
また
$$\xi(\theta) = f\bigl(\sin(\theta/2)/\cos(\theta/2)/(\sqrt{2}\,|\cos\theta/2|)\bigr)$$
に注意すれば，ξ が無限回微分可能なことと $f(u)$ および $f(1/|u|) \cdot (1/|u|)$ とが無限回微分可能なことと同等なことがわかり，γ が $\hat{\mathcal{D}}(\pi)$ と D_0 の両核型空間同士の同型写像になっていることが示される．

このような同型写像をさらに進めて，D_0 の部分空間で，半直線 $[0,\infty)$ 上の関数の空間で $\hat{\mathcal{D}}(\pi)$ と同型な核型空間 D_{00} を構成することができる．本書 6.7 節の半ウイスカーの議論で役立つ．

例 **A.4** シュワルツ空間 $\mathcal{S}$. 本書でしばしば，直接間接に引用している．内容について（[80] 特に改訂増補版を薦めたい）非常によく知られた名著であり，ここで説明する必要はなかろう．言うまでもなく，$\mathcal{S}$ は核型空間である．

念のため $\mathcal{S}$ の一つの定義と，可算個のヒルベルト・ノルムを書いておく．

$$\mathcal{S} = \left\{ \xi \colon \xi \in C^\infty(\mathrm{R}^1);\ \max_{k \leq n} \sup_u \big| (1+u^2)^n \xi^{(k)}(u) < \infty,\ n = 0, 1, \ldots \right\}.$$

$n \geq 0$ 番目のノルムは

$$\|\xi\|^2 = \sum_{0 \leq k \leq n} \int_{\mathrm{R}^1} (1+u^2)^n |\xi^{(k)}(u)|^2\, du$$

である．

A.5　諸公式

1. エルミート多項式 $H_n(x)$.

定義

$$H_n(x) = (-1)^n e^{x^2} \frac{d^n}{dx^n} e^{-x^2/2},$$

$$H_n(x) = n! \sum_{k=0}^{[\frac{n}{2}]} \frac{(-1)^k}{k!} \frac{(2x)^{n-2k}}{(n-2k)!},$$

$$H_1(x) = 2x, \quad H_2(X) = 4x^2 - 2, \quad H_3(x) = 8x^3 - 12x,$$

$$H_4(x) = 16x^4 - 48x^3 + 12.$$

母関数は

$$\sum_0^\infty \frac{t^n}{n!} H_n(x) = e^{-t^2 + 2tx}$$

である．

$$H_n'(x) = 2n H_{n-1}(x),$$

$$H_n''(x) - 2x H_n'(x) + 2n H_n(x) = 0,$$

$$H_{n+1} - 2x H_n(x) + 2n H_{n-1}(x) = 0,$$

$$H_n\Big(ax + \sqrt{1-a^2}\,y\Big) = \sum_{k=0}^{n} \binom{n}{k} a^{n-k}(1-a^2)^{k/2} H_{n-k}(x) H_k(y),$$

$$H_n\left(\frac{x+y}{\sqrt{2}}\right) = 2^{-n/2} \sum_{k=0}^{n} \binom{n}{k} H_{n-k}(x) H_k(y),$$

$$H_m(x) H_n(x) = \sum_{k=0}^{m \wedge n} 2^k k! \binom{m}{k} \binom{n}{k} H_{m+n-2k}(x),$$

$$\int_{-\infty}^{\infty} H_m(x) H_n(x) e^{-x^2}\, dx = \sqrt{\pi}\,\delta_{n,m} 2^n n! \sqrt{\pi},$$

$$\int_{-\infty}^{\infty} H_m\left(\frac{x}{\sqrt{2}}\right) H_n\left(\frac{x}{\sqrt{2}}\right) e^{-x^2/2}\, dx = \sqrt{2\pi}\,\delta_{n,m} 2^n n!,$$

$$h_n(x) = H_n(x) e^{-x^2/2} \quad \text{ならば} \quad \frac{1}{\sqrt{2\pi}} \int_{-\infty}^{\infty} e^{ixy} h_n(y)\, dy = i^n h_n(x),$$

$$\frac{1}{\sqrt{2\pi}} \int e^{ixy} H_n(y) e^{-y^2/2}\, dy = i^n H_n(x) e^{-x^2/2}.$$

$\xi_n(x) = \left(\sqrt{2^n n!}\,\pi^{1/4}\right)^{-1} H_n(x) e^{-x^2/2}$ ならば $\{\xi_n: n \geq 0\}$ は $L^2(\mathrm{R}^1)$ の完全正規直交系をなす.

$$\xi_n'(x) = \sqrt{n/2}\,\xi_{n-1}(x) - \sqrt{(n+1)/2}\,\xi_{n+1}(x),$$

$$x\xi_n(x) = \sqrt{n/2}\,\xi_{n-1}(x) + \sqrt{(n+1)/2}\,\xi_{n+1}(x),$$

$$\left(-\frac{d^2}{dx^2} + x^2 + 1\right)\xi_n = 2(n+1)\xi_n.$$

2. パラメータ付きエルミート多項式 $H_n(x;\sigma^2)$.

$$H_n(x;\sigma^2) = \frac{(-\sigma^2)^n}{n!} e^{\frac{x^2}{2\sigma^2}} \frac{d^n}{dx^n} e^{\frac{-x^2}{2\sigma^2}}, \quad n \geq 0.$$

この多項式の具体的な形は次式で与えられる.

$$H_n(x;\sigma^2) = \frac{\sigma^n}{2^{n/2}} \sum_{k=0}^{[n/2]} \frac{(-1)^k}{k!} \frac{(\sqrt{2}x/\sigma)^{n-2k}}{(n-2k)!}.$$

例：$H_2(x;\sigma^2) = \frac{1}{2}x^2 - \frac{1}{2}\sigma^2$, $H_3(x;\sigma^2) = \frac{1}{6}x^3 - \frac{1}{2}\sigma^2 x$.

母関数.

$$\sum_0^\infty t^n H_n(x,\sigma^2) = e^{-\sigma^2 t^2/2 + tx},$$

$$H_n(x;\sigma^2) = \frac{\sigma^n}{n!2^{n/2}} H_n\left(\frac{x}{\sqrt{2}\sigma}\right),$$

$$H_n''(x;\sigma^2) - \frac{x}{\sigma^2} H_n'(x;\sigma^2) + \frac{n}{\sigma^2} H_n(x;\sigma^2) = 0,$$

$$H_n'(x;\sigma^2) = H_{n-1}(x;\sigma^2),$$

$$H_{n+1}(x;\sigma^2) - \frac{x}{n+1} H_n(x;\sigma^2) + \frac{\sigma^2}{n+1} H_{n-1}(x;\sigma^2) = 0,$$

$$\sum_{k=0}^n H_{n-k}(x;\sigma^2) H_k(y;\tau^2) = H_n(x+y;\sigma^2+\tau^2),$$

$$H_m(x;\sigma^2) H_n(x;\sigma^2) = \sum_{k=0}^{m \wedge n} \frac{\sigma^{2k}(m+n-2k)!}{k!(m-k)!(n-k)!} H_{m+n-2k}(x;\sigma^2).$$

$\eta_n(x;\sigma^2) = \sqrt{n!}\sigma^{-n} H_n(x;\sigma^2)$ とおくと，$\{\eta_n;\ n \geq 0\}$ は

$$L^2\left(\mathbf{R}^1, \frac{1}{\sqrt{2\pi}\sigma} e^{-\frac{x^2}{2\sigma^2}}\, dx\right)$$

の完全正規直交系をなす．

参考文献

[1] 阿部剛久, 現代確率論の起源, 形成および発展 (I), 京都大学数理解析研究所講究録 (1787), 2012, 304–315；同 (II), 近刊.

[2] J. Aczél, Vorlesungen úber Funktionalgleichungen und ihre Anwendungen, Birkhúser, 1960.

[3] H. Airault and Y.A. Neretin, On the action of Virasoro algebra on the space of univalent functions. Bulletin des Sciences Mathématiques. 132 (2008), 27–39.

[4] N. Aronszajn, Theory of reproducing kernels. Trans. Amer. Math. Soc. 68 (1950), 337–404.

[5] H. Araki, Factorizable representation of current algebra. ——Non commutative extension of the Lévy–Khinchin formula and cohomology of a solvable group with values in a Hilbert space——. Pub. Research Inst. for Math. Sci. Kyoto Univ. 5 (1969/70), 361–422.

[6] C.C. Bernido and M. Victoria Carpio-Bernido, Path integrals for boundaries and topological constraints: A white noise functional approach. J. Math. Physics. 43 (2002), 1728–1736.

[7] John W. Boland et al., Environmental problems, uncertainty, and mathematical modeling. Notice of the AMS. 57, no. 10 (Nov. 2010), 1286–1294.

[8] R. Cameron and W.T. Martin, Fourier–Wiener transforms of analytic functionals. Duke Math. J. 12 (1945), 489–507.

[9] T.F. Chan, J. Shen, and L. Vese, Variational PDE models in image pocessing. Notice of the AMS, 50, no. 1 (2003), 14–26.

[10] M. de Faria, J, Potthoff and L. Streit, The Feynman integral and a Hida distribution. J. Math. Physics 32 (1991), 2123–2129.

[11] P.A.M. Dirac, The principles of quantum mechanics. 4th ed. 1957 (1st ed. 1930), Oxford Univ. Press.

[12] A. アインシュタイン，全集 I より，
   (i) 熱の分子論から要求される静止液体のケン濁粒子の運動について，original: Ann der Phys. 17 (1905), 549–560.
   (ii) ブラウン運動の理論．Ann. der Phys. 19 (1906), 371–381.

[13] Robert F. Engle, Autoregressive conditional hetero-scedasticity with estimates of the variance of United Kingdom inflation. Econometrica 50. no. 4 (1982), 987–1007.

[14] W. Feller, An introduction to probability theory and its applications. vol. I, 1950; vol. II, 1966, Wiley. 邦訳『確率論とその応用 I, II』各上，下，卜部舜一ほか訳，紀伊國屋書店，1960–1970.

[15] M.N. Feller, The Lévy Laplacian, Cambridge Univ. Press. 2005.

[16] R. Feynman, Space-time approach to non-reativistic quantum mechanics. Review of Modern Physics. 20 (1948), 367–387.

[17] R.P. Feynman and A.R. Hibbs, Quantum mechanics and path integrals. McGraw-Hill. 1965.

[18] R.A. Fisher, Statistical methods and scientific inference. Oliver and Boyd, 1959. 邦訳『統計的方法と科学的推論』渋谷政昭，竹内啓訳，岩波書店，1962.

[19] C.F. ガウス,『誤差論』，飛田武幸，石川耕春訳，紀伊國屋書店，1981.

[20] I.M. Gel'fand, Generalized random processes. (in Russian) Doklady Acad, Nauk SSSR, 100 (1955), 853–856.

[21] I.M. Ge'fand and N.Ya. Vilenkin, Generalized functions. vol. 4. Academic Press. 1964.

[22] J. Glim and A. Jaffe, Quantum physics. A functional integral point of view. Springer-Verlag. 1981.

[23] M. Grothaus, D.C. Khandekar, J.L. da Silva and L. Streit, The Feynman integral for time-dependent anharmonic oscillators. J. Math. Physics 38 (1997), 3278–3299.

[24] T. Hida, Canonical representations of Gaussian processes and their applications. Memoires Coll. Sci. Univ. of Kyoto, A33 (1960), 109–155.

[25] T. Hida and N. Ikeda, Analysis on Hilbert space with reproducing kernel arising from multiple Wiener integral. Proc. 5th Berkeley Symp. on Math. Stat. Probab. 2 (1967), 117–143.

[26] T. Hida, Stationary stochastic processes. Princeton University Press. 1970.

[27] T. Hida, Note on the infinite dimensional Laplacian operator. Nagoya Math. J. 38 (1970), 13–19.

[28] T. Hida, Quadratic functionals of Brownian motion. J. Multivariate Analysis. 1 (1971), 58–69.

[29] T. Hida, Analysis of Brownian functionals, Carleton Math. Notes no. 13, Carleton University. 1975.

[30] 飛田武幸,『ブラウン運動』, 岩波書店, 1975. 第3刷 2007. 英訳 T. Hida, Brownian motion. Springer-Verlag 1980. English translation by the author and T.P. Speed.
[31] T. Hida, H.-H. Kuo, J. Potthoff and L. Streit, White noise. An infinite dimensional calculus. Kluwer Academic Pub. 1993.
[32] T. Hida, H.-H. Kuo and N. Obata, Transformations for white noise functionals. J. Functional Analysis. 111 (1993), 259–277.
[33] T. Hida ed., Advanced mathematical approach to biology. World Sci. Pub. Co. 1997.
[34] 飛田武幸,『美しいノイズ』国際高等研究所, 2001.
[35] 飛田武幸,『確率論の基礎と発展』共立出版, 2011.
[36] T. Hida, Space · Time · Noise. Lecture at QBIC, Tokyo Univ. of Science. 2011.
[37] T. Hida and Si Si, Lectures on white noise functionals. World Scientific Pub. Co. 2008.
[38] T. Hida and Si Si, Some of the recent topics on white noise theory. Proc. of the 32nd Conf. on Quantum Probability and related Topics. 2011.
[39] T. Hida and Si Si, A system of idealized elemental random variables depending on the space parameter. to appear.
[40] T. Hida and L. Streit, Generalized Brownian functionals. Proc. VIth Conf. on Math. Phys. Berlin, (1981).
[41] T. Hida and L. Streit, Generalized Brownian functionals and the Feynman integrals. Stochastic Processes and their Applications. 16 (1983), 55–69.
[42] E. Hopf, Statistical hydromechanics and functional calculus. J. Rational Mechanics and Analysis, 1 (1952), 87–123.
[43] K. Itô, Multiple Wiener integrals. J. Math. Soc. Japan, 3 (1951), 157–169.
[44] 伊藤清,『確率過程：オルフス大学講義録』佐藤由身子訳, シュプリンガー・ジャパン, 2009. 丸善出版, 2012.
[45] A.A. Kirillov and D.V. Yur'ev, Kähler geometry of the infinite-dimensional homogeneous space $M = \mathrm{Diff}_+(S^1)/\mathrm{Rot}(S^1)$. Functional Analysis and its applications. 21 no. 4 (1987), 284–294. Russian original 1987.
[46] I. Kubo and S. Takenaka, Calculus on Gaussian white noise, I–IV, Proc. Japan Academy, 56 (1980), 376–380, 411–416; 57 (1981), 433–437; 58 (1982), 186–189.
[47] 久保泉, Multiplicative renormalization method 適用可能な測度の決定 III. 日本数学会特別講演, 2010.
[48] 久保泉, 直交多項式の Boas–Buck 母関数. 日本数学会中国・四国支部講演, 2011.
[49] T. Kuna, L. Streit and W. Westerkamp, Feynman integrals for class of exponentially growing potentials. J. Math. Physics 39 (1997), 4476–4491.

[50] H.-H. Kuo, The Fourier transform in white noise calculus. J. Multivariate Analysis, 31 (1989), 311–327.

[51] Y.J. Lee, Analytic version of test functionals, Fourier transform, and a characterization of measures in white noise calculus. J. Functional Analysis, 100 (1991), 359–380.

[52] P. Lévy, Calcul des probabilités, Gauthier-Villars, 1925.

[53] P. Lévy, Sur les intégrales dont les éleménts sont des variables aléatoires indépendantes. Ann. della R. Scoula Normale Superiore di Pisa. ser II, (1934), 337–366.

[54] P. Lévy, Théorie de l'addition des variables aléatoires. Gauthier-Villars. 1937. deux. édit. 1954.

[55] P. Lévy, Processus stochastiques et mouvement brownien. Gauthier-Villars, 1948. 2éme ed. revue et augmentée. 1965.

[56] P. Lévy, Problèmes concrets d'analyse fonctionnelle. Gauthier-Villars, 1951.

[57] P. Lévy, Wiener's random function, and other Laplacian random functions. Proceedings of the second Berkeley Synposium on Mathematical Statistics and Probability. 1951, Univ. of California, 171–187.

[58] P. Lévy, Random functions: General theory with special reference to Laplacian random functions. Univ. of California Pub. in Statistics, 1. 1953, 331–388.

[59] P. Lévy, La mesure de Hausdorff de la courbe du mouvement brownien. Gionale dell'Istituto Italiano degli Attuari. 16 (1953), 1–37.

[60] P. Lévy, A special problem of Brownian motion, and a general theory of Gaussian random functions. Proc. 3rd Berkely Symp. on Math. Stat. Probab. vol. II (1956), 133–175.

[61] P. Lévy, Fonctions aléatoires á corrélation linéaire. Illinois J. of Math. 1 (1957), 217–258.

[62] P. Lévy, Fonctions linéairement markoviennes d'ordre n, Math. Japonicae IV (1957), 113–121.

[63] P. Lévy, Quelques aspects de la pensées d'un mathématicien. Blanchard, 1970. 邦訳『一確率論研究者の回想』飛田武幸，山本喜一訳，岩波書店，1973.

[64] J.L. Lions, El planeta el papel de los super ordenadres. Inst. de Espana, Espasa Calpe, 1990.

[65] J.L. Lions and E. Magenes, Non-homogeneous boundary value problems. I. Springer-Verlag. 1972.

[66] M. Masujima, Path integral and stochastic processes in theoretical physics, Feshbach Pub. Co. 2007.

[67] S. Mazzucchi, Functional-integral solution for the Schrödinger equation with polynomial potential: A white noise approach. Infinite Dimensional Analysis, Quantum Probability and related Topics. 14 (2011), 675–688.

[68] P.A. Meyer et J.A. Yan, A propos des distributions. LNM 1247 (1987), 8–26.
[69] W. Miller, Jr., Lie theory and special functions, Academic Press. 1968.
[70] R.A. Minlos, Generalized random processes and their extension to a measure. Selected Trans. in Math. Stat and Probability 3 (1962), 291–313.
[71] D. Mumford and B. Gidas, Stochastic models for generic images. Quarterly of Applied Math. 59, (2001).
[72] D. Mumford and A. Desolneux, Pattern theory. The stochastic analysis of real-world signals. A K Peters, 2010.
[73] K. Naka and V. Bhanot, White-noise analysis in retinal physiology. in Advanced Mathematical Approach to Biology. Chapter 2. ed. T. Hida, World Sci. Pub. Co. (1997), 109–267.
[74] H. Poincaré, La science et l'hypothèse. 1902. 邦訳『科学と仮説』河野伊三郎訳, 岩波文庫, 1938. 改版 1959. 改訂版 1961.
[75] J. Potthoff and L. Streit, A characterization of Hida distributions. J. Functional Analysis. 101 (1991), 212–229.
[76] G. Roepstorff, Path integral approach to quantum physics. An introduction. Springer, 1994.
[77] K. Sato, Lévy processes and infinitely divisible distributions. Cambridge Univ. Press. 1999.
[78] E. Schrödinger, What is life? with mind and matter. Cambridge Univ. Press. 1944, 1967.
[79] T. Shimizu et al., Centro Vito Volterra Notes.

  (1) Gaussian systems. N. 608, 2006.

  (2) The $\dot{B}(t)$'s as idealized elemental random variables. N. 614, 2008.

  (3) Dualities in white noise analysis and applications. N. 620, 2008.

[80] L. Schwartz, Théorie des distributions, 1950, 3rd ed. 1966, 邦訳『超函数の理論』岩村聯ほか訳, 岩波書店, 1971.
[81] Si Si, A note on Lévy's Brownian motion, Nagoya Math. J. 108 (1987), 121–130, II loc. cit. 114 (1989), 165–172.
[82] Si Si, Random fields and multiple Markov properties, Supp. 2nd International Conf. on Conventional Models of Computations UMC'2K, eds. I. Antoniou et al. Solvay Inst. (2000), 64–70.
[83] Si Si, Gaussian processes and Gaussian random fields. Proc. International Conf. on Quantum Information. World Sci. Pub. Co. (2000), 195–204.
[84] Si Si, An aspect of quadratic Hida distributions in the realization of a duality between Gaussian and Poisson noises. Infinite Dim. Analysis, Quantum Prob. and Related Topics.11 (2008), 109–118.

[85] Si Si, Multiple Markov generalized Gaussian processes and their dualities. Infinite Dim. Analysis, Quantum Prob. and Related Topics. 13 (2010), 99–110.
[86] Si Si, Introduction to Hida distributions. World Sci. Pub. Co. 2012.
[87] Si Si and Win Win Htay, Entropy and Surbordination and filtering. Acta Appl. Math. 63 (2000), 433–439.
[88] Si Si and Win Win Htay, Structure of linear processes. Quantum Information and Computing, eds. L. Accardi et al. (2006), 304–312.
[89] F. Smithies, Integral equations. Cambridge Univ. Press. 1958.
[90] D. Sorensen and D. Gianola, Likelihood, Baysian, and MCMC methods in quantitative genetics. Springer, 2002.
[91] C. Stein, A bound for the rate of convergence in the multidimensional central limit theorem. Proc. of the Sixth Berkeley Symp. vol. II (1972), 583–602.
[92] L. Streit, Feynman integrals as generalized functions on path spaces: Things done and open problems. Notes, BiBoS —— Universität Bielefeld, CCM —— Universidade da Madeira.
[93] L. Streit and T. Hida, Generalized Brownian functionals and the Feynman integral. Stochastic Processes and their Applications. 16 (1983), 55–69.
[94] 朝永振一郎,『スピンはめぐる』. 第3話, 中央公論社, 1974. 新版, みすず書房, 2008. 英訳 The story of spin. The Univ. of Chicago Press. 1997. 参考：1971年11月 名古屋大学集中講義記録.
[95] F. Treves, Topological vector spaces, distributions and kernels. Academic Press. 1967.
[96] 梅垣壽春, 大矢雅則, 日合文雄,『作用素代数入門』, 共立出版, 1985. 復刊 2003.
[97] Y. Umemura, On the infinite dimensional Laplacian operator. J. Math. Kyoto Univ. 4 (1965), 477–492.
[98] D.E. Varberg, Convergence of quadratic forms in independent random variables, Ann. Mat. Stat. 37 (1966), 567–576.
[99] H. Weyl, Raum・Zeit・Materie. Springer, 1918, english trans. Space time, matter, Dover, 1922. 邦訳『空間・時間・物質』内山龍雄訳, 講談社 1973, 筑摩書房（ちくま学芸文庫）2007.
[100] N. Wiener, Differential space. J. of Math. and Physics. 8 (1923), 131–174.
[101] N. Wiener, The homogeneous chaos. Amer. J. Math. 60 (1938), 897–936.
[102] N. Wiener, Nonlinear problems in random theory. The MIT Press. 1958.
[103] Norberd Wiener collected works. vol. III. ed. P. Masani, The MIT Press, 1981.
[104] 山崎泰郎,『無限次元空間の測度』, 上, 下, 紀伊國屋書店, 1978. オンデマンド版 2008.
[105] 吉田耕作,『位相解析 I』, 岩波書店. 1951. 第6刷 1989.
[106] K. Yosida, Functional Analysis, Springer-Verlag. 6-th ed. 1980.

[107] M. Yoshida, Probabilistic conclusion on constructive Euclidean Φ_4^4 quantum field theory. Preprint. 2012.

[108] H. Yoshizawa, Rotation group of Hilbert space and its application to Brownian motion. Proc. International Conf. on Functional Analysis and related topics. Tokyo, (1969), 414–423.

索 引

■欧字先頭索引
Fock 空間, 72
idealized elemental random variables, 33, 98, 106
infinitesimal equation, 27
innovation, 27, 31, 58
Meixner 分布, 70
reduction, 27, 31, 58
stochasticity, 104
S-変換, 79, 90
T-変換, 81

■和文索引
●あ行
安定分布の指数, 104
一様に稠密, 124
ウイスカー, 126, 127
同じタイプ, 39

●か行
回転群, 114
ガウス核, 93, 154
ガウス型ホワイトノイズ, 54
ガウス系, 4, 6, 20
ガウス変数, 5
各点独立, 44
確率積分, 100
ガトー微分, 95
加法的確率変数系, 99

加法的くりこみ, 88
帰納化, 40
共形変換群, 130
共役回転群 $O^*(E^*)$, 132
空間パラメータのノイズ, 41
偶然現象, 34
久保–竹中理論, 73
クラス I の部分群, 116
クラス II, 119
クラス II の部分群, 125
クラス II 部分群, 121
くりこみ, 25, 65, 88
くりこみ可能, 89
固定端ブラウン運動, 137

●さ行
再生核ヒルベルト空間, 80, 189
射影不変性, 130, 137
巡回部分空間, 136
小確率の法則, 39
消滅作用素, 97
新生過程, 27
正規 2 次汎関数, 76
生成作用素, 97
正則 2 次汎関数, 76

●た行
抽象ルベーグ空間, 35, 178
抽象ルベーグ測度, 178

超汎関数空間, 74
重複度, 23, 136
調和汎関数, 153
テスト汎関数空間, 74
特殊共形変換群, 130
特性汎関数, 52
ドンスカーのデルタ関数, 94

●な行
ナンバー作用素, 148
ノイズ, 33

●は行
半ウイスカー, 141
微分, 96
微分 ∂_t, 25
標準交換関係, 157
標準表現, 22, 23, 61
風車群, 118
フォック空間, 72
ブラウン運動, 8
ブラウン運動の射影不変性, 11
フーリエ–ウイナー変換, 84

フーリエ–メーラー変換, 85
フレシェ微分, 96
平均パワー, 119
ポアソン分布, 39
ポットホフ–シュトライト, 81
ボホナー–ミンロスの定理, 179
ホワイトノイズ, 20
ホワイトノイズ解析, 19
ホワイトノイズ超汎関数, 73
ホワイトノイズの構成, 13

●ま行
マイクスナー分布, 70
無限次元回転群, 114

●ら行
ラプラス–ベルトラミ作用素, 146
ラベル, 42, 103
離散パラメータのホワイトノイズ, 53
レヴィ群, 117, 118
レヴィ・ラプラシアン, 146, 151
連続パラメータのホワイトノイズ, 54

著者
飛田　武幸（ひだ　たけゆき）
名古屋大学名誉教授，名城大学名誉教授．
名古屋大学理学部卒（1952年），理学博士（京都大学，1961年），
中日文化賞（1980年）．
著書に，*Stationary stochastic processes*, Princeton Univ. Press. 1970,
『ブラウン運動』（岩波書店，1975年，英訳 Springer 1980），
Innovation approach to random fields: An application of white noise theory, (with Si Si), World Sci. Pub. Co. 2004,
Lectures on white noise functionals, (with Si Si), World Sci. Pub. Co. 2008,
『確率論の基礎と発展』（共立出版，2011年）ほか．

監修
荒木　不二洋（あらき　ふじひろ）
京都大学名誉教授

大矢　雅則（おおや　まさのり）
東京理科大学教授

シュプリンガー量子数理シリーズ　第5巻
ホワイトノイズ

平成26年4月30日　発　行

著　者	飛　田　武　幸	
監　修	荒　木　不二洋	
	大　矢　雅　則	
編　集	シュプリンガー・ジャパン株式会社	
発行者	池　田　和　博	
発行所	丸善出版株式会社	

〒101-0051 東京都千代田区神田神保町二丁目17番
編集：電話(03)3512-3261／FAX(03)3512-3272
営業：電話(03)3512-3256／FAX(03)3512-3270
http://pub.maruzen.co.jp/

© Maruzen Publishing Co., Ltd., 2014

印刷・シナノ印刷株式会社／製本・株式会社 松岳社

ISBN 978-4-621-06510-5 C 3042　　　Printed in Japan

JCOPY 〈(社)出版者著作権管理機構委託出版物〉

本書の無断複写は著作権法上での例外を除き禁じられています．複写される場合は，そのつど事前に，(社)出版者著作権管理機構（電話 03-3513-6969，FAX 03-3513-6979，e-mail：info@jcopy.or.jp）の許諾を得てください．